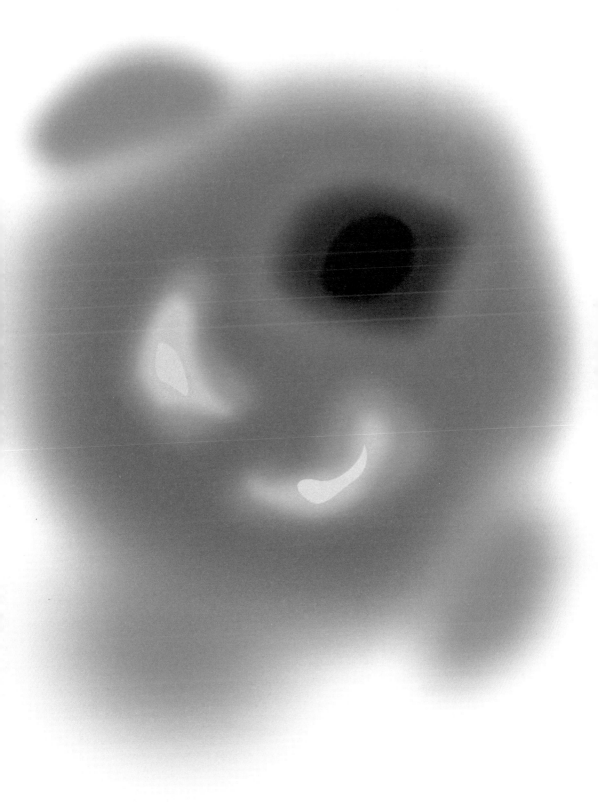

想象力比知识更重要，因为知识是有限的，而想象力概括着世界上的一切，推动着进步，并且是知识进化的源泉。

——爱因斯坦

发现黑洞

《奇点科普》编委会　编著

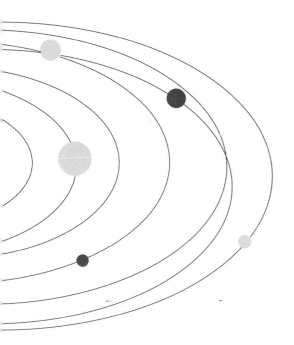

黑龙江教育出版社

图书在版编目（CIP）数据

发现黑洞 /《奇点科普》编委会编. -- 哈尔滨：
黑龙江教育出版社, 2020.10
ISBN 978-7-5709-0967-4

Ⅰ.①发… Ⅱ.①奇… Ⅲ.①黑洞—普及读物 Ⅳ.
①P145.8-49

中国版本图书馆CIP数据核字（2019）第196266号

发现黑洞
FaXian HeiDong

《奇点科普》编委会　**编著**

责任编辑	高　璐	
装帧设计	仙境设计	
责任校对	张　楠	
出版发行	黑龙江教育出版社	
	（哈尔滨市群力新区群力第六大道1305号）	
印　　刷	北京柯蓝博泰印务有限公司	
开　　本	710毫米×960毫米　1/16	
印　　张	11	
字　　数	140千字	
版　　次	2020年10月第1版	
印　　次	2020年10月第1次印刷	

书　　号　ISBN 978-7-5709-0967-4　　　　　　**定　价**　42.00元

黑龙江教育出版社网址：www.hljep.com.cn
如需订购图书，请与我社发行中心联系。联系电话：0451-82533097　82534665
如有印装质量问题，影响阅读，请与我公司联系调换。联系电话：010-64926437
如发现盗版图书，请向我社举报。举报电话：0451-82533087

前　言

　　我们人类存在的时间对于整个宇宙来说太短暂，每个时代的人对宇宙的探索只是很少的一部分，可人类又是如此好奇的物种，对于未知与神奇总想得到一个确切的答案。日夜交替、四季轮回、潮涨潮落……这一切都让好奇的人类对生存其间的世界有一探究竟的冲动。任何探寻都源于提问和假设，我们生活的这个世界为什么是这样的？宇宙到底是如何运行的？真的存在一个创造宇宙的神吗？如果宇宙始于一场大爆炸，那它的结局又将是怎样

◀太空的星系星云

的呢？

伟大的物理学家霍金在他的那本《大设计》第一章写道：按照传统，这些是哲学要回答的问题，但哲学已死。哲学跟不上科学，特别是物理学现代的发展步伐。在我们探索知识的旅程中，科学家已成攀峰火炬手。

对于科学家来说，似乎所有的一切都可以被科学证明。当人们不承认哥白尼的日心学说时，开普勒就用行星运行三大定律来证明日心说的正确；而对于人们相信重的物体比轻的物体下落更快时，伽利略就用自由落体定律来证明这一说法的错误；牛顿则用三大运动定律来解释力，然后他又将地球上物体的力学和天体力学统一到一个基本的力学体系中，创立了经典力学理论体系，正确地反映了宏观物体在低速状态中的运动规律，实现了自然科学的第一次大统一。

接下来爱因斯坦横空出世，将质量与能量统一起

▼ 当爱因斯坦将时间与空间联系在一起，通过观测与计算发现宇宙是膨胀的，人们就在想这个膨胀的宇宙的起点应源于一个奇异点

来，用相对论将一个高速运动的空间状态完美地表达出来，空间因速度与质量完全变了模样。然后他写下了那个著名的场方程，一个真空解预言了黑洞这个天体的存在。在他之后的岁月，太多科学家把精力投入到黑洞的研究中，因为它的一切性质都跟宇宙开始时的那个奇点太像，它可能是解开宇宙开始与结束之谜的最好天体。

事实上，人们一直也没有看到它的真正面目，只是通过它对附近物质的影响才能知道它的存在。虽然2019年4月10日事件视界望远镜（Event Horizon Telescope Collaboration）组织为我们提供了第一张黑洞"照片"，事实上它跟我们传统意义上的照片不是一个意思，但它所呈现的特征再次证明了爱因斯坦理论的正确。

爱因斯坦用他的理论为我们开启了一个全新探索宇宙的大门，他的每一次预言都得到了证实，从黑洞到暗物质，再到引力波，宇宙就这样被人类一点点揭开了神秘的面纱。

今天，科学家为了一个可以解释宇宙万物的理论还在努力着，人类这个族群也正是因为这份好奇心才成了万物之灵！

目 录
Contents

 人类对宇宙的探索

黑洞的发现

黑洞的时空

黑洞其他宇宙学知识

物理学是解开宇宙奥秘的钥匙，研究宇宙天体的物理学大致分为：太阳物理学、太阳系物理学、恒星物理学、恒星天文学、行星物理学、星系天文学、宇宙学、宇宙化学、天体演化学等分支学科。另外，射电天文学、空间天文学、高能天体物理学也是它的分支……今天，天体物理学大小分支有近 500 个，成为物理学最前沿的庞大学科。

人类对宇宙的探索

狭义相对论

人类对宇宙的探索从未停止过。从地心说到日心说，然后是伟大的牛顿把地球物质的力学和天体力学统一到一个力学体系中，创立了经典力学理论体系，正确地反映了宏观物体低速运动的规律，实现了自然科学的第一次大统一。这是人类对自然界认识的一次飞跃。

接下来是爱因斯坦的相对论，让人们对高速运动的物理世界有了一个清楚的认识，然后人们发现了黑洞。黑洞这一天体的发现让人们突然意识到，只要解开黑洞的秘密，也就真正解开了宇宙的秘密。而真正想要了解黑洞，就一定要了解一些关于天体物理的基本知识。现在已经有一门专门研究宇宙的学科——天体物理学，主要研究星体的物理性质（光度、密度、温度、化学成分等）和星体与星体之间的

◀ 苹果落地是人们最为熟知的关于牛顿的一个故事

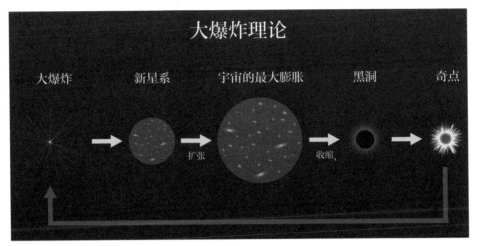

▲ 大爆炸理论

相互作用，应用物理理论与方法来探讨恒星结构、恒星演化、太阳系的起源和许多与宇宙学相关的问题。

关于宇宙的起源，我们现在知道最著名的理论就是大爆炸理论，宇宙中所有的一切都来自最初的那场爆炸。这一理论的提出要归功于理论物理学家的大胆假设，这种假设并不是无依据的胡乱猜测，而是有太多实际观察到的现象让这些聪明的大脑意识到宇宙可能的开始和结局。接下来，就让我们去看看有哪些理论可以帮助我们了解宇宙的奥秘，有哪些理论可以带我们去感受时间与空间纠缠的奥秘。

爱因斯坦是真正让我们对时空这个概念有了科学认识的人。他的相对论理论是我们探索神秘宇宙的灯塔。相对论主要包含两部分内容：狭义相对论和广义相对论。狭义相对论最著名的推论是质能公式，将质量与能量统一在一起；而广义相对论所预言的引力透镜和黑洞，也被天文观测所证实。

哲学的伟大之处除了让人有理性思考之外，更重要的是它包罗了一切科学在未被完全解释中提出的那些假设，而任何一种假设都会让人充满探求的快乐。每个人都会受到前辈的启发，就连伟大的爱因斯坦也不例外。

奥地利物理学家恩斯特·马赫（1838—1916）和英国哲学家大卫·休谟（1711—1776）的理论对爱因斯坦影响很大。马赫认为时间和空间的量度与物质运动有关，时空的观念是通过经验形成的，绝对时空无论依据什么经验也不能把握。休谟则说得更加具体：空间观念是从可见的和可触知的对象的排列方式中得到的，时间观念是依据观念和印象的接续形成的。

知识 拓展 1

以太

以太是希腊语，原意为上层的空气，指在天上的神所呼吸的空气。在宇宙学中，有时又用以太来表示占据天体空间的物质。1881~1884年，波兰裔美籍物理学家阿尔伯特·迈克尔逊和爱德华·莫雷为测量地球和以太的相对速度，进行了著名的迈克尔逊—莫雷实验。实验结果显示，不同方向上的光速没有差异。这实际上证明了光速不变原理，即真空中光速在任何参照系下具有相同的数值，与参照系的相对速度无关，这也证明以太其实并不存在，后来又有许多实验支持这个结论。

在19世纪末和20世纪初，人们虽然还进行了一

▲ 阿尔伯特·迈克尔逊

些努力来拯救以太，但在狭义相对论确立以后，它终于被物理学家们所抛弃。人们接受了电磁场本身就是物质存在的一种形式这一概念，而电磁场可以在真空中以波的形式传播。量子力学的建立让这一观点更为人们所认可，因为人们发现，物质的原子以及组成它们的电子、质子和中子等粒子的运动也具有波的属性。波动性已成为物质运动的一个基本属性，那种仅仅把波动理解为某种媒介物质的力学振动的狭隘观点已完全被打破。然而人们的认知仍在继续发展，到20世纪中期以后，人们又逐渐认识到真空并非是绝对的空，那里存在着不断的涨落过程[虚粒子的产生以及随后的湮没，这种真空涨落是相互作用着的场的一种量子效应。量子效应是在超低温等某些特殊条件下，由大量粒子组成的宏观系统呈现出的整体量子现象。而量子系统是其微观粒子呈现出波动性的系统。表现出显著量子效应的量子系统称为简并（退化）的系统，相应的特征温度称为简并温度（退化温度）]。

1905年爱因斯坦指出：阿尔伯特·迈克尔逊和爱德华·莫雷实验说明关

◀科学物理模型背景
——电磁场环面线

于"以太"的整个概念是多余的，光速是不变的，而牛顿的绝对时空观念是错误的。不存在绝对静止的参照物，时间测量也是随参照系不同而不同。他用光速不变和相对性原理重新导出洛伦兹变换，创立了狭义相对论。

知识拓展 2

洛伦兹变换

洛伦兹变换是观测者在不同惯性参照系之间对物理量进行测量时所进行的转换关系，即不同惯性系中的物理定律在洛伦兹变换下数学形式不变，在数学上表现为一套方程组。洛伦兹变换因其创立者——荷兰物理学家亨德里克·洛伦兹而得名。洛伦兹变换最初用来调和19世纪建立起来的经典电动力学同牛顿力学之间的矛盾，它反映了空间和时间的密切联系，后来成为狭义相对论的数学基础。

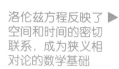
洛伦兹方程反映了 ▶
空间和时间的密切
联系，成为狭义相
对论的数学基础

狭义相对论是建立在四维时空观上的一个理论，因此要弄清相对论的内容，先要对相对论的时空观有个大体了解。在数学上有各种多维空间，但目前为止，我们认识的物理世界只是四维，即三维空间加一维时间。四维时空是构成真实世界的最低维度，我们的世界恰好是四维，至于高维真实空间，至少现在我们还无法感知。如一把尺子在三维空间里（不含时间）转动，其长度不变，但旋转它时，它的各坐标值均发生了变化，且坐标之间是有联系的。四维

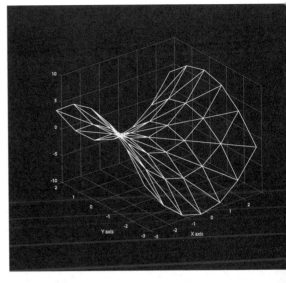

▲ 坐标系下的三维空间

时空的意义就是时间是第四维坐标，它与空间坐标是有联系的，也就是说时空是统一的、不可分割的整体，它们存在一种"此消彼长"的关系。

同时，由质能方程（$E=mc^2$）我们可以知道，质量和能量实际上是一回事，质量（或能量）并不是独立的，而是与运动状态有关的，如速度越大质量也就越大，而在我们的自然世界中没有绝对静止的物体。

在四维时空里，质量（或能量）实际是四维动量的第四维分量，动量是描述物质运

▲ 质能方程解释了能量与质量的关系

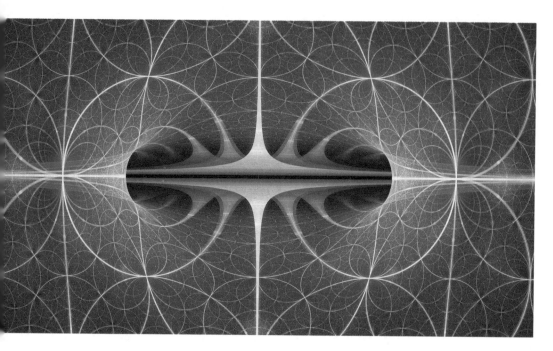

▲ 四维空间炽热发光的物体

动的量，因此质量与运动状态有关就是理所当然的了。在四维时空里，动量和能量实现了统一，称为能量动量四矢。另外在四维时空里还定义了四维速度、四维加速度、四维力、电磁场方程组的四维形式等。值得一提的是，电磁场方程组的四维形式更加完美，完全统一了电和磁，电场和磁场用一个统一的电磁场张量来描述。四维时空的物理定律比三维定律更完美地解释了我们生活的这个宇宙，这说明我们的世界的确是四维的。正是因为它完美的解释才让我们不再怀疑它的正确性。这一切都说明自然界一些看似毫不相干的量之间可能存在深刻的联系。在下面谈到广义相对论时我们还会看到，时空与能量动量四矢之间也存在深刻的联系。

动量守恒

　　动量守恒与能量守恒定律以及角动量守恒定律被称为现代物理学中的三大基本守恒定律，也是最早发现的一条守恒定律。它的定义是：一个系统不受外力或所受外力的矢量和为零，那么这个系统的总动量保持不变，这个结论叫作动量守恒定律。动量守恒定律是自然界中最重要、最普遍的守恒定律之一，它既适用于宏观物体，也适用于微观粒子；既适用于低速运动物体，也适用于高速运动物体；它既适用于保守系统，也适用于非保守系统。

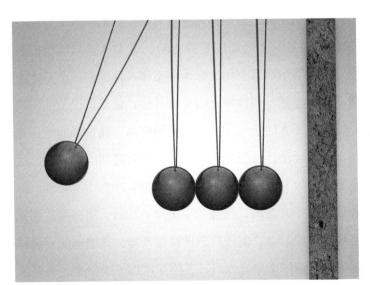

◀ 从典型的相互作用——碰撞，推导动量守恒定律

▲ 太阳系以 250 千米／秒的速度围绕银河中心旋转，而银河系也在自转，可我们完全感知不到这种运动

原理与效应

没有不运动的物质，也没有无物质的运动，由于物质是在相互联系、相互作用中运动的，因此，必须在物质的相互关系中描述运动，而不可能孤立地描述运动。也就是说，运动必须有一个参考物，这个参考物就是参考系。

伽利略曾经指出，运动的船与静止的船上的运动不可区分，也就是说，当你在封闭的船舱里与外界完全隔绝时，即使你拥有最发达的头脑、最先进的仪器，也无从感知你的船是匀速运动还是静止的，更无从感知速度的大小，因为没有参考物。爱因斯坦将其引用，作为狭义相对论的第一个基本原理：**狭义相对性原理**。其内容是：惯性系之间完全等价，也就是说，一切物质都潜藏着质量乘以光速的平方的能量。一个静止的物体，其全部的能量都包含在静止的质量中。一旦运动，就要产生动能。由于质量和能量等价，运动中所具有的能量应加到质量上，也就是说，运动的物体的质量会增加。

当物体的运动速度远低于光速时，增加的质量微乎其微，如速度达到光速的十分之一时，质量只增加0.5%，但随着速度接近光速，其增加的质量就非常明显了。如速度达到光速的十分之九时，其质量增加了 1 倍多，这时，物体继续加速就需要更多的能量。当速度趋近光速时，质量随着速度的增加而直线上升，速度无限接近光速时，质量趋向于无限大，需要无限多的能量。迈克尔逊—莫雷实验彻底否定了光的以太学说，得出了光与参考系无关的结论。即无论你站在地上，还是站在飞奔的火车上，测得的光速都是一样的，这就是狭义相对论的第二个基本原理：**光速不变原理**。

由上述两条基本原理可以直接推导出相对论的坐标变换式、速度变换式等所有的狭义相对论内容。速度变换与传统的法则相矛盾，但它的正确性已经被粒子物理学的无数次实验证明是无可挑剔的，因为无论在哪个参考系，光速都是不变的。正因为光的这一独特性质，所以被选为四维时空的唯一标尺。

由于爱因斯坦提出的假说否定了伽利略变换，因此需要寻找一个满足相对论基本原理的变换式。爱因斯坦导出了这个变换式，因为这个变换式不过是爱因斯坦赋予了洛伦兹方程一些新的物理内容得到的，所以人们一般称它为洛伦兹变换式。

 知识拓展④

粒子物理学

粒子物理学，又称为高能物理学，它是研究比原子核更深层次的微观世界中物质的结构、性质，以及在很高能量下这些物质相互转化及其产生的原因和规律的物理学分支。粒子物理学同时又是粒子量子化的粒子物理的大统一。粒子物理学到目前为止有三个主要阶段：

第一阶段，可追溯到英国物理学家汤姆森1897年发现第一个基本粒子——电子。1932 年 J.查德威克在用 α 粒子轰击原子核的实验中发现了中子，随即人们认识到原子核是由质子和中子构成的，从而形成所有物质都是由基本的结构单元——质子、中子、电子构成的世界图像。量子力学理论也是在这个阶段建立起来的，这是微观粒子运动普遍遵从的基本规律。

第二阶段，以1937年在宇宙射线中发现了 μ 介子作为开始的标志。在此阶段中，证实了不单电子，所有的粒子，都有它的反粒子。这个阶段理论上最重要的进展是量子场论和重正化理论（重正化是量子场论中一套处理发散的方法。量子场论认为，物质世界的基本运动规律由基本粒子的拉格朗日量决定。在忽略相互作用的时候，拉格朗日量中会包含一些对应可观测量的参数）的建立，以及相互作用中对称性质的研究。

第三阶段，以提出强子结构的夸克模型为标志。这一阶段理论上最重要的进展是建立电弱统一理论和强相互作用研究的进展，在粒子物理学的深层次探索活动中，粒子加速器、探测手段、数据记录和处理以及计算技术的应用不断发展，既带来粒子物理本身的进展，也促进整个科学技术的发展，粒子物理所取得的丰硕成果已经在宇宙演化的研究中起着重要的作用。

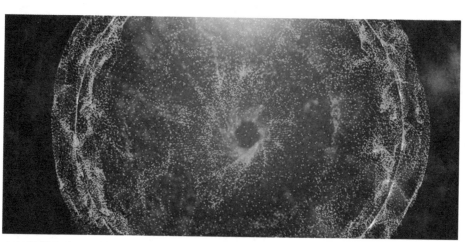

▲ 粒子物理从微观角度为我们揭示了宇宙演化的过程

根据狭义相对性原理，在同一个惯性系中，存在统一的时间，称为同时性。而相对论证明，在不同的惯性系中无法形成统一的同时性，也就是两个事件（时空点）在一个惯性系内同时，在另一个惯性系内就可能不同时，这就是**同时的相对性**。在惯性系中，同一物理过程的时间进程是完全相同的，如果用同一物理过程来度量时间，就可在整个惯性系中得到统一的时间。

等价原理对于物理学的意义

等价原理，是经典物理学建立的基础，也是整个广义相对论的核心。

伽利略变换的等价原理认为"力在任何惯性系中都是等价的"。某一物体的运动状态在不同的惯性系中是不一样的，但它运动状态的变化所显示的力在任何惯性系中都是一样的，也就是力在任何惯性系中都是等价的。牛顿根据伽利略变换的等价原理建立了三大力学理论，为科学发展奠定了基础。在经典力学里，等价的还有物体质量、时间、加速度和速度的增量。而爱因斯坦假设光速在任何惯性系中是一样的且物体运动在任何惯性系中是等价的，质能等价理论是爱因斯坦狭义相对论的重要推论。

 ▲ 较慢的快门
速度下抽象
的光模式

狭义相对论导出了不同惯性系之间时间进度的关系，发现运动的惯性系时间进度慢，这就是所谓的钟慢效应。可以通俗地理解为，运动的时钟比静止的时钟走得慢，而且，运动速度越快，钟走得越慢，接近光速时，钟就几乎停止了。

知识拓展 6 ·······

双生子佯谬

有一对双胞胎兄弟，其中一个乘宇宙飞船做太空旅行，而另一个则留在地球。结果当旅行者回到地球后，我们发现他比留在地球的兄弟年轻，这个结果是由狭义相对论所推测出的（移动时钟的时间膨胀现象）。但如果我们站在宇宙飞

船上的兄弟的角度去想这个问题，就会有一个矛盾的结果，旅行者在宇宙飞船中会看到地球是以高速离他而去，然后又高速回来。事实上，狭义相对论只有在惯性系中才对所有观测者（没有进行加速运动的观测者）有同等的意义。宇宙飞船在旅途中毫无疑问至少是加速过一次的，所以旅行者并不是在惯性系中。所以，一定是那个高速旅行者更年轻。

▲ 同时性只存在同一惯性系中

尺子的长度就是在一惯性系中"同时"得到的两个端点的坐标值的差。由于"同时"的相对性，不同惯性系中测量的长度也不同。相对论证明，在尺子长度方向上运动的尺子比静止的尺子短，这就是所谓的尺缩效应，当速度接近光速时，尺子缩成一个点。由以上叙述可知，钟慢和尺缩的原理就是时间进度有相对性。也就是说，时间进度与参考系有关，这就从根本上否定了牛顿的绝对时空观。

绝对时空观

绝对时空观认为时间和空间是两个独立的观念，彼此之间没有联系，分别具有绝对性，也就是说时间与空间的度量与惯性参照系的运动状态无关，这是一种在低速运动下的经验总结。

🪐 狭义相对论的影响

狭义相对论建立以后，对物理学起到了巨大的推动作用，并且深入到量子力学的范围，成为研究高速粒子不可缺少的理论，而且取得了丰硕的成果，然而在成功的背后，却有两个原则性问题没有解决。

◀狭义相对论只有在惯性系中才对所有观测者才有同等的意义

第一个问题是惯性系引起的困难。抛弃了绝对时空后，惯性系成了无法定义的概念，我们可以说惯性系是惯性定律在其中成立的参考系。惯性定律实质是一个不受外力的物体保持静止或匀速直线运动的状态。然而真的存在不受外力这种情况吗？我们只能说，不受外力是指一个物体可以在惯性系中静止或匀速直线运动。这样，惯性系的定义就陷入了这样一个死循环，这样的定义是无用的。我们总能找到非常近似的惯性系，但宇宙中却不存在真正的惯性系，这就使得整个理论像建在沙滩上一样。

第二个问题是万有引力引起的困难。万有引力定律与绝对时空紧密相连，这就需要进行修正，但将其修改为洛伦兹变换下形式不变的任何想法都以失败告终，万有引力无法纳入狭义相对论的框架，这就使得狭义相对性原理"物理规律在所有惯性系中都具有相同的形式"不成立。爱因斯坦只用了几个星期就建立起了狭义相对论，然而为解决上面所说的困难，建立广义相对论却用了整整十年时间。为解决第一个问题，爱因斯坦干脆取消了惯性系在理论中的特殊地位，把相对性原理推广到非惯性系，因此第一个问题转化为非惯性系的时空结构问题。在非惯性系中遇到的第一只拦路虎就是惯性力，他在深入研究了惯性力后，提出了著名的等效原理，发现参考系问题有可能和引力问题一并解决。几经曲折，爱因斯坦终于建立了完整的广义相对论。广义相对论让所有物理学家大吃一惊，引力远比想象中的复杂得多。至今为止，爱因斯坦的场方程也只得到了为数不多的几个确定解，但它优美的数学形式却令物理学家们叹为观止。就在广义相对论取得巨大成就的同时，由哥本哈根学派创立并发展的量子力学也取得了重大突破。然而物理学家们很快发现两大理论并不相容，至少有一个需要修改。于是引发了那场著名的论战：**爱因斯坦VS哥本哈根学派**。直到现在争论还没有停止，只是越来越多的物理学家更倾向于量子理论。

广义相对论建立后，爱因斯坦在后来近40年的时间里都用来探索统一场

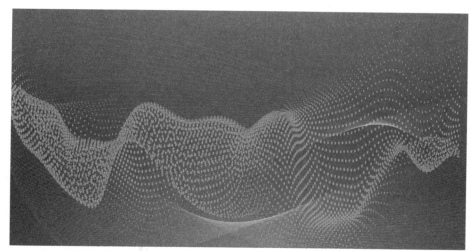

▲ 组成我们宇宙空间的可能是 9+1 维时空中的 D 膜

论，试图把引力和电磁力统一起来，以完成物理学的完全统一。刚开始的几年他十分乐观，以为胜券在握，后来发现困难重重。当时的大部分物理学家并不看好他的工作，因此他的处境十分孤立。虽然他始终没有取得突破性的进展，不过他的努力为物理学家们指明了方向：建立包含四种作用力的超统一理论。目前学术界公认的最有希望的候选者是超弦理论与超膜理论。

知识拓展 8 ....

库仑定律、安培定则、法拉第电磁感应定律与麦克斯韦理论的关系

1785年，法国物理学家查尔斯·库仑发现了库仑定律。库仑定律是电学发展史上的第一个定量规律。也就是从库仑的这一发现开始，电学的研究从定性进入定量阶段，这是电学史上一个里程碑式的发现。库仑通过实验证

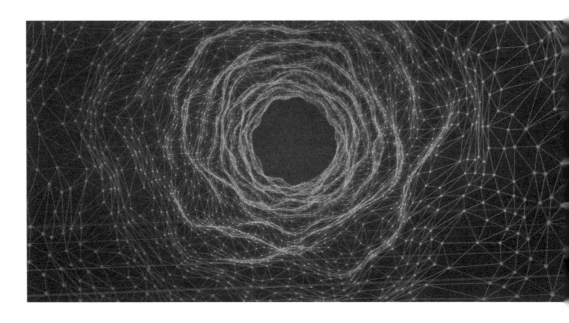

▲ 物质世界的一切都可以通过粒子与波的形式加以解释

明，在真空中两个静止点电荷之间的相互作用力与距离平方成反比，与电量乘积成正比，作用力的方向在它们的连线上，同性电荷相斥，异性电荷相吸。库仑定律只是描述点电荷之间的作用力，也就说，当带电体的半径远小于两者的平均距离，才可看成点电荷，对于非点电荷间的相互作用力，库仑定律并不适用。但也不能认为当半径无限小时作用力就无限大，因为当半径无限小时两电荷已经失去了作为点电荷的前提。

在历史上，电和磁是分别被人类发现和研究的，先是丹麦物理学家、化学家奥斯特在1820年发现了电流的磁效应，后来安培认识到磁现象的本质是电流，并发现了它们相互作用的规律。这一规律就叫安培定则或右手螺旋定则，它明确地描述了电流和电流激发磁场的磁感线方向之间的关系。

1831年，仅上过小学的法拉第发现了电磁感应现象，并用数学公式将其中的规律表达出来。他通过实验发现，一个通电线圈的磁力虽然不能在另一个线圈中引起电流，但是当通电线圈的电流刚接通或中断的时候，另一个线圈中的电流计指针有微小偏转。法拉第经过反复实验，证实了当磁作用力发生变化时，另一个线圈中就有电流产生。法拉第终于用实验揭开了电磁相互作用的秘密。根据这个实验，1831年10月28日，法拉第发明了圆盘发电机，这个圆盘发电机结构虽然简单，但它却是人类制造出的第一台发电机。我们可以用一句话来解释电磁感应定律：放在变化磁通量中的导体，会产生电动势。此电动势称为感应电动势或感生电动势，若将此导体闭合成一回路，则该电动势会驱使电子流动，形成感应电流。

　　人们发现电现象、磁现象、电磁感应现象以后，又对电、磁和电磁感应现象进行了广泛、深入的研究，发现了电磁之间的关系及其规律，形成了完整、系统的电磁理论。将这些规律统一起来的是麦克斯韦，麦克斯韦把这四个定律加以综合，导出麦克斯韦方程组，该方程预言：变化的电磁场以波的形式向空间传播。

广义相对论

相对论的问世让人们知道了四维弯曲时空、有限无边宇宙、引力波、引力透镜、大爆炸说以及21世纪宇宙学的主旋律——黑洞，等等。这一切来得都太突然，让人们觉得相对论神秘莫测，因此在相对论刚问世那几年，一些人宣称"全世界只有12个人懂相对论"。甚至有人说"全世界只有两个半人懂相对论"。更有甚者将相对论与"通灵术"相提并论。其实相对论并不神秘，它是被检验了无数次的理论，更不似人们想象得那么高不可攀。但想要理解相对论，需要掌握一定的数学、几何知识。

▲ 爱因斯坦为我们描述了一个全新的宇宙空间

▲ 几何学帮助人类理
性地认识空间世界

相对论应用的几何学并不是普通的欧氏平面几何，而是黎曼几何。相信很多人都知道非欧几何，它分为罗氏几何（双曲几何）与黎氏几何（椭圆几何）两种。在非欧几何里，有很多奇怪的结论，三角形内角和不是180°，圆周率也不是3.14，因此在刚出来时备受嘲讽，被认为是最无用的理论。直到在球面几何中发现了它的应用才受到重视。空间如果不存在物质，时空是平直的，用欧氏几何就足够了。比如在狭义相对论中只是考虑了四维伪欧几里得空间，加一个"伪"字是因为时间坐标前面还有个虚数单位i。当空间存在物质时，物质与时空相互作用，使时空发生了弯曲，这是就要用到非欧几何。事实上不存在没有物质的空间，因为就算有你也永远无法发现，因为当你看见它的同时它就有了物质，最起码是光。

非欧几何

非欧几何完全是基于欧几里得第五公设无法给出确定证明而创立的。

古希腊数学家欧几里得的《几何原本》第一卷中列举了23个定义、5条公设、5条公理，由此推证出48个命题。第五条公设内容如下："如果两条直线被一直线截得的一组同侧内角之和小于180°，则适当延长这两条直线，一定在夹角和小于180°的一侧相交。"接下来漫长的岁月中人们用各种方法来证明第五公设，从古希腊时代到18世纪末，许多数学家都尝试用欧几里得几何中的其他公理来证明欧几里得的平行公理，但是结果都归于失败，他们都在论证过程中不知不觉地引进了未加证明的新假设。19世纪，德国数学家高斯、俄国数学家罗巴切夫斯基、匈牙利数学家波尔约等人各自独立地认识到这种证明是不可能的。这说明平行公理是独立于其他公理的，并且可以用不同的"平行公理"来替代它。

罗巴切夫斯基和波尔约分别在1830年前后发表了他们关于非欧几何的理论。在这种几何里，罗巴切夫斯基平行公理替代了欧几里得平行公理，即在一个平面上，过已知直线外一点至少有两条直线与该直线不相交。由此可演绎出一系列全无矛盾的结论，并且可以得出三角形的内角和小于180°。想象一下，我们在一个双曲面空间（不是双曲线），这个双曲面，我们可以把它想象成一口平滑的锅或太阳能罩，我们就在这个双曲面里画三角形，这个三角形的三边的任何点都绝对不能离开双曲面，我们将发现这个三角形的三边无论怎么画都不会是直线，那么这样的三角形就是罗氏三角形。经过论证发现，任何罗氏三角形的内角和都永远小于180°，无论怎么画都不能超出180°。

▲ 黎曼

继罗氏几何后，德国数学家黎曼在1854年又提出了既不是欧氏几何也不是罗氏几何的新的非欧几何。这种几何采用如下公理替代欧几里得平行公理：同一平面上的任何两直线一定相交。同时，还对欧氏几何的其他公理做了部分改动。在这种几何里，三角形的内角和大于180°，假设我们把双曲面舒展成平面以后，再继续朝平面的另一个方向变，则变成了椭圆面或圆面，这个时候，如果我们在这个椭圆面上画三角形，会发现无论怎么画，这个三角形的内角和都大于180°，人们把这种几何称为椭圆几何，黎曼几何在证明广义相对论时起到了至关重要的作用。

在广义相对论中，爱因斯坦放弃了关于时空均匀性的观念，他认为时空只是在充分小的空间里以一种近似性而表现为均匀的，但是整个时空却是不均匀的。在物理学中的这种解释，恰恰与黎曼几何的观念是相似的。在数学界，欧氏几何仍占主流；而物理学界，则用的是黎曼几何。

相对论预言了引力波的存在，发现了引力场与引力波都是以光速传播的，否定了万有引力定律的超距作用。当光线由恒星发出，遇到大质量天体时光线会重新汇聚，也就是说，我们可以观

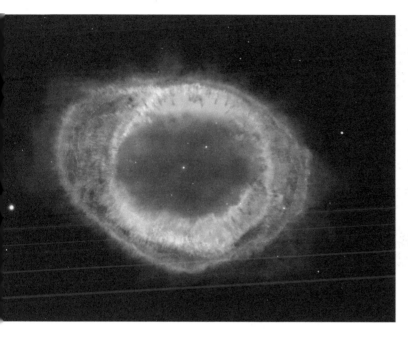

测到被天体挡住的恒星。一般情况下，看到的是个环，被称为爱因斯坦环。爱因斯坦将场方程应用到宇宙时发现宇宙不是稳定的，它要么膨胀要么收缩。而当时的宇宙学认为宇宙是无限的、静止的，于是他不惜修改场方程，加入了一个宇宙常数，得到一个稳定解，提出有限无边宇宙模型。可是在1929年，哈勃发现了星系光谱红移和距离的线性关系，即所谓哈勃定律。人们把红移归结于宇宙的膨胀，并推论宇宙是由于100多亿年前的一次大爆炸产生的，产生了标准的大爆炸宇宙学理论。

当爱因斯坦得知哈勃发现了"宇宙普遍在膨胀"这一事实后，这位伟大的科学家认为自己引入的宇宙常数是犯了一个大错误，于是他就将方程中的常数项去掉了，这之后的60年，宇宙常数项被排除在宇宙学之外。

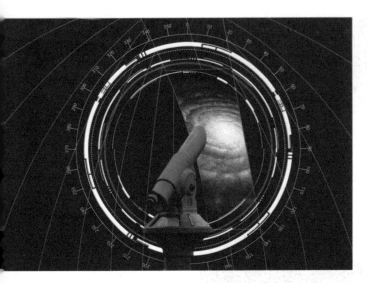

▲ 今天人们可以通过
观测与计算探知更
遥远的宇宙空间

后来天文学家通过哈勃太空望远镜发现，一种神秘的能量在宇宙中起着作用，这种能量在推动宇宙加速膨胀，天文学家称之为暗物质与暗能量，于是宇宙常数项被再次引入，但其代表的已不是爱因斯坦提出时的意义了。

在以后的研究中，物理学家们惊奇地发现，宇宙已不能用膨胀来描述了，简直是在爆炸。极早期的宇宙分布在极小的尺度内，宇宙学家们需要粒子物理内容给出更全面的宇宙演化模型，而粒子物理学家需要宇宙学家们的观测结果和理论来丰富和发展粒子物理，结果就使粒子物理学和宇宙学这两个物理学中最大和最小的分支结合起来。值得一提的是，虽然爱因斯坦的静态宇宙被抛弃了，但它的有限无边宇宙模型却是宇宙未来三种可能的命运之一，而且是最有可能完美解释宇宙的理论。

根据广义相对论中"宇宙中一切物质的运动都可以用曲率来描述，引力场实际上就是一个弯曲的时空"的思想，爱因斯坦写出了著名的引力场方程。该方程是一个以时空为自变量、以度规（$g\mu\nu$）为因变量的带有椭圆形约束的二阶双曲型偏微分方程。它以复杂而美妙著称，但并不完美，计算时只能得到近似解，后来人们得到了真正球面对称的准确解——史瓦西解。

史瓦西度规 $$ds^2 = -\left(1-\frac{2M}{r}\right)dt^2 + \left(1-\frac{2M}{r}\right)^{-1}dr^2 + r^2da^2$$

关于场方程和史瓦西解，我们会在后面章节中加以介绍。

原理与验证

在狭义相对论那一节我们已讲到惯性系无法定义，因对一切运动的描述，都是相对于某个参考系的，参考系选取的不同，对运动的描述或者说运动方程的形式也随之不同。于是爱因斯坦将相对性原理推广到非惯性系，提出了广义相对论的第一个原理——广义相对性原理：一切坐标系（包括非惯性系）应全部遵守客观真实的物理规律，应该在任意坐标系下均有效。为此，物理规律在任意坐标变换下应是协变的，故广义相对性原理也称为广义协变性原理。这与狭义相对性原理有很大区别，狭义相对性原理是说在不同参考系中一切物理定律完全等价，没有任何描述上的区别。但在一切参考系中就不可以了，只能说不同参考系可以同样有效地描述自然规律。这就需要我们寻找一种更好的描述方法来适应这种要求。

在前面的内容中我们已知道，狭义相对论无法包含万有引力定律，也无法处理加速度这个麻烦。引力和加速度，一个代表力，一个代表运动，这两件事在狭义相对论里都解决不了，那要怎么办呢？于是爱因斯坦用等效原理来处理。爱因斯坦是如何解释等效原理的呢？所谓念念不忘必有回响，关于这个原理的发现还有一个神奇的故事。据说有一天晚上，爱因斯坦做了一个梦，梦到自己在一个下降的电梯里自由下落，然后他想到了一件事：如果一个人在电梯里与电梯同时做自由落体运动，他是感受不到重力的，就像在电

◀爱因斯坦用等效原理解
释了引力与加速度问题

梯里悬浮一般。电梯自由下落是引力导致的，人在电梯里感受不到重力加速度。这个场景刚好把狭义相对论无法处理的两个东西（引力和加速度）都包含进来了，而且，他们似乎是等效的。通俗地讲，对于一个观察者来说，无法确定这个人是悬浮在太空里（惯性系）还是在一个做自由落体运动的电梯里（有地球引力的非惯性系），无法区分就视为等效。

　　让我们从故事世界来到物理世界。在物理世界，质量有两种：惯性质量和引力质量。惯性质量是用来度量物体惯性力大小的，起初由牛顿第二定律定义（物体加速度的大小跟作用力成正比，跟物体的质量成反比，加速度的方向跟作用力的方向相同）。引力质量则是度量物体引力荷的大小，起初由牛顿的万有引力定律定义，它们是互不相干的两个定律。惯性质量不等于电荷，那么惯性质量与引力质量（引力荷）在牛顿力学中不应该有任何关系。然而通过当代最精密的实验也无法发现它们之间的区别，惯性质量与引力质量严格成比例（选择适当系数可使它们严格相等）。广义相对论将惯性质量与引力质量完全相等作为等效原理的内容，这样，非惯性系与引力之间也建立了联系。那么在引力场中的任意一点都可以引入一个很小的自由降落参考系，然后就可以用狭义相对论来处理剩下的内容，即初始条件相同时，等质量、不等电荷的质点在同一电场中有不同的轨道，但是所有质点在同一引力场中只有唯一的轨道。

等效原理使爱因斯坦认识到，引力场很可能不是时空中的外来场，而是一种几何场，是时空本身的一种性质。由于物质的存在，原本平直的时空变成了弯曲的黎曼时空。在广义相对论建立之初，曾有一个惯性定律：不受力（除去引力，因为引力不是真正的力）的物体做惯性运动，在黎曼时空中，就是沿着测地线运动。测地线是直线的推广，是两点间最短（或最长）的线，是唯一的。比如，球面的测地线是过球心的平面与球面截得的大圆的弧。广义相对论的场方程建立后，这一定律可由场方程导出。值得一提的是，伽利略曾认为匀速圆周运动才是惯性运动，匀速直线运动总会闭合为一个圆，这样提出是为了解释行星运动。牛顿力学对这一说法是否定的，然而相对论又将它复活了，行星做的的确是惯性运动，只是不是标准的圆周匀速运动。

爱因斯坦在建立广义相对论时，就提出了三个实验并很快就得到了验证：引力红移、光线偏折、水星近日点进动。现在又增加了第四个验证：雷达回波的时间延迟。

1. 引力红移

广义相对论证明，在引力势低的地方固有的时间流逝速度慢。也就是说离天体越近，时间越慢。这样，天体表面原子发出的光周期变长，由于光速

▲ 引力红移现象在大质量天体上更容易被发现

不变，相应的频率变小，在光谱中向红光方向移动，称为引力红移。宇宙中有很多致密的天体，我们可以测量它们发出的光的频率，并与地球的相应原子发出的光做比较，发现红移量与相对论预言一致（相对论预言，由于地球上不同高度引力势能不同，会引起光子离开地球时在不同高度的频率不同，相差20米带来的频率测量变化为2×10^{-15}Hz）。1960年，庞德和里布卡利用穆斯堡尔效应测量到了这个微小的变化，他们在地球引力场中利用γ射线的无反冲共振吸收效应（穆斯堡尔效应）测量了光垂直传播22.5米产生的红移，结果与相对论预言一致。

2. 光线偏折

如果按光的波动说，光在引力场中不应该有任何偏折，可用普朗克公式$E=h\nu$和质能公式$E=mc^2$求出光子的质量，用牛顿万有引力定律得到的太阳附近的光的偏折角是$0.87''$，而按广义相对论计算的偏折角是$1.75''$。

1919年，第一次世界大战刚结束，英国科学家爱丁顿派出两支考察队，利用日食的机会观测，观测的结果约为1.7″，刚好在相对论预言的误差范围之内。引起误差的主要原因是太阳

▲ 光线经过大质量天体时会向内偏折

大气对光线的偏折。现在利用射电望远镜就可以观测类星体的电波在太阳引力场中的偏折，不必等日食这种稀有机会。随着测量仪器的日益精密，所测量的结果也进一步证实了相对论的结论。

3. 水星近日点进动

16世纪以来，第谷等天文学家已经得到大量准确的天文观测记录数据。1859年，法国天文学家勒威耶发现水星近日点进动的观测值，天文观测记录了水星近日点每百年进动5 600″，人们考虑了各种因素，根据牛顿理论只能解释其中的5 557″，还剩43″无法解释。广义相对论的计算结果与万有引力定律有所偏差，这一偏差刚好解释了水星的近日点每百年进动43″这一现象。原来在太阳系中，行星在太阳所产生的弯曲空间中运动，它们的轨道是测地线，而由太阳质量所弯曲的时空连续体的测地线并

不是严格的椭圆或双曲线，轨线的轴会随时间而缓慢进动（进动是指一个自转的物体受外力作用导致其自转轴绕某一中心旋转的现象）。

万有引力公式 $\qquad F_{引} = G\dfrac{Mm}{r^2}$

4. 雷达回波实验

从地球向行星发射雷达信号，接收行星反射的信号，测量信号往返的时间，来检验空间是否弯曲（通过三角形内角和来检验）。20世纪60年代，美国物理学家克服重重困难做成了此实验，结果与相对论预言相符。

从那时起，人们对广义相对论的检验表现出越来越浓厚的兴趣。但由于太阳系内部引力场非常弱，引力效应本身就非常小，广义相对论的理论结果与牛顿引力理论的偏离很小，观测非常困难。20世纪70年代以来，由于射电天文学的进展，观测的距离远远突破了太阳系，观测的精度随之大大提高。特别是1974年9月由美国麻省理工学院的泰勒和他的学生赫尔斯，用305米口径的大型射电望远镜进行观

▼射电望远镜是人类探索外太空的工具

测时，发现了脉冲双星，它是一个中子星和它的伴星在引力作用下相互绕行，周期只有0.323天，它的表面的引力比太阳表面强10万倍，是地球上甚至太阳系内不可能获得的检验引力理论的实验室。经过长达十余年的观测，他们得到了与广义相对论的预言符合得非常好的结果。由于这一重大贡献，泰勒和赫尔斯获得了1993年诺贝尔物理学奖。

▲ 只有两个大质量天体合并才有可能让我们观测到引力波

接下来，让我们来了解一下引力波。

根据广义相对论，引力是质量扭曲时空的结果。一个时空之中只有一个静止的物体（或者处于匀速运动状态），那么它所处的时空不会发生变化。但如果你加入第二个有质量物体，这两个物体之间就会发生相互运动，会相互向对方施加一个加速度，在这一过程中也就将造成时空结构的改变，这种变化会以波的形式向外以光速传播，这也就是相对论预言的引力波。事实上，真正探测到引力波是最近两年的事，为什么引力波的发现会让人如此兴奋？原来，引力波有两个非常重要而且比较独特的性质：第一，不需要任何的物质存在于引力波源周围，这时就不会有电磁辐射产生。第二，引力波能够几乎不受阻挡地穿过行进途中的天体。它能够提供给地球上的观测者有关遥远宇宙中黑洞和其他奇异天体的信息，更为有趣的是，它能够提供一种观测极早期宇宙的方式，甚至是最初宇宙奇点所发生的事情。

爱因斯坦曾用一个绷紧的床单放入不同质量的物体来解释他的理论，请在大脑形成这个画面，如果这两个质量物体处于相互运行的轨道之中，那么随着时间推移这个轨道将会逐渐收缩，这两个质量物体之间的距离将逐渐缩短，现在意识到什么了吗？也就是说这两个物体会碰撞到一起，是不是很可怕？不过完全不必担心，对于像地球围绕太阳运行这样一个系统，两个天体的质量还太小，而两者之间的距离又非常实在太遥远，因此在引力波耗散能量的条件下，这个轨道也将需要经过10 150年才会衰减完毕，如此长的时间根本不是我们人类要担心的，但对未知世界的探索引发的快乐才是人生存的意义所在啊！

人类自从发现了引力波，对神秘宇宙的探索又有了质的飞跃。

哈勃用数据让人类知道宇宙是膨胀的，但却不知道造成这种膨胀的原因及膨胀速度，宇宙科学家决定通过分析死亡恒星在空间和时间结构中产生的涟漪——引力波来解开这个谜题。

确定哈勃常数可以测定宇宙膨胀速度，从而推算出宇宙的确切年龄以及目前宇宙状态的一些细节。今天科学家主要通过两种方法来测量哈勃常数：一种方法是，监测邻近的天体光谱红移值，估计它们的距离，从而推算出宇宙的膨胀速度。另一种方法是，关注宇宙微波背景辐射，通过分析宇宙微波背景辐射随时间的变化也可以计算出宇宙膨胀的速度。

可是这两种方法测得的结果不同，得出的宇宙膨胀速度也就不同了。宇宙微波背景辐射的数据显示，宇宙目前正在以大约每秒326万光年67千米的速度膨胀，而超新星爆发和造父变星的数据显示，宇宙膨胀的速度是每秒326万光年73千米。虽然只是6千米的差距，但这也说明物理学家对宇宙的结构及解释是不尽人意的。

▲ 双星系统

物理学家认为，爱因斯坦预言的引力波可以解决人类对宇宙认识模糊这一难题。如果全世界各地的多个引力波探测设施都检测到同一次中子星合并事件的引力波信号，那么将这些观测数据结合起来，科学家们可以计算出这一信号的绝对强度，并十分准确地计算出这一中子星合并事件发生处与地球之间的距离。然后再进一步探索这个合并事件发生在哪个星系。通过对这一星系红移值的观测，然后再与引力波信号推出的距离对比，就可以得到更精确的宇宙膨胀速度。

引力波非常微弱， 2016年6月16日凌晨，LIGO（激光干涉引力波天文台）合作组宣布：2015年12月26日03:38:53（UTC：协调世界时），位于美国汉福德区和路易斯安那州的利文斯顿的两台引力波探测器同时探测到了一个引力波信号（两个初始质量分别为约14个太阳质量和约8个太阳质量的黑洞，合并成一个约21倍太阳质量的旋转黑洞），这是继 LIGO 2015年9月14日探测到首个引力波信号之后（由质量分别相当于29个太阳质量和36个太阳质量的两个黑洞合并时发出）人类探测到的第二个引力波信号。

2017年8月17日，LIGO和Virgo（室女座引力波天文台）科学家首次探测到由双中子星合并产生的引力波（同时，中国第一颗空间X射线天文卫星——慧眼HXMT望远镜又有了重要发现，它对此次引力波事件进行了成功监测）。

 知识拓展⑩

X射线爆发

X射线爆发与宇宙γ射线爆发相似，宇宙X射线爆发（简称X爆发）也是20世纪70年代天体物理学的重大发现之一。X爆发的主要特征：爆发的上升时间≤1秒；爆发的持续时间由几秒到几十秒；大部分的能量在低于50keV（千电子伏）的范围内辐射；爆发重复出现，但没有准确的周期。大多数爆发源的爆发间隔由几小时到几十小时，也有一些X爆发源的爆发间隔由几秒钟到几分钟，有人把前者称为Ⅰ型X爆发，把后者称为Ⅱ型X爆发。MXB1730-335是非常奇特的X爆发源，在它上面可以同时观测到Ⅰ型和Ⅱ型X爆发。对于多数爆发源，在两次爆发之间还观测到有一种比较稳定的X射线辐射。而且发现这种稳定辐射处于高强度状态时，不出现X爆发；处于低强度状态时，才出现爆发。同时发现，大多数爆发源，或许是全部爆发源，都有一个爆发活动时期和一个爆发宁静时期。在地面上测得的X爆发的极大流量的典型数值为10^{-10}erg/cm·s（erg，尔格，1erg=10^{-7}J）。如果取爆发源的距离为3万光年，则得X爆发的极大功率为10^{-10}erg/ cm·s。观测表明，在X爆发的亮度下降阶段，Ⅰ型X爆发的能谱有变弱的倾向，Ⅱ型X爆发无此倾向。

为什么要选择中子星合并事件呢？因为与黑洞相撞不同，中子星会发出可见光，中子星碰撞产生的引力波可以帮助科学家确定它们与地球的距离，而碰撞所发出的光有助于确定它们相对于地球的移动速度。利用这两组数据，研究人员就能计算出准确的哈勃常数。这个常数能让我们知道宇宙是否一直这样膨胀下去，或达到某个值时灰飞烟灭。

引力波的观测意义不仅在于对广义相对论的直接验证，更在于它能够提供一个观测宇宙的新途径，就像观测天文学从可见光天文学扩展到全波段天文学那样极大地扩展了人类视野。传统的观测天文学完全依靠对电磁辐射的探测，而引力波天文学的出现则标志着观测手段已经开始超越电磁相互作用的范畴，引力波观测将揭示关于恒星、星系以及宇宙更多前所未知的信息。引力波为我们打开了一个除电磁辐射、粒子外的全新观察宇宙的窗口，让我们更加了解了时空纠缠的秘密！

知识拓展11

造父变星

造父变星（Cepheid variable stars）是一类光度周期性脉动变星，即其亮度呈周期性变化。因典型星——仙王座δ（中文名造父）而得名。由于根据造父变星周光关系可以确定星团、星系的距离，因此造父变星被誉为"量天尺"。1784年约翰·古德利发现了造父变星的光变现象，1912年哈佛天文台的亨丽爱塔·勒维特通过研究麦哲伦星云内成千上万颗的变星发现了造父变星的周期—光度关系。造父变星本身亮度虽然巨大，但是不足以测量极遥远星系核天体，更远的星系用Ⅰa型超新星测量。

相对论的狭义与广义

在爱因斯坦刚刚提出相对论的初期，人们用所讨论的问题是否涉及非惯性参考系作为区别狭义与广义相对论的标志。随着相对论理论的发展，这种区分方法越来越显现出其缺点——参考系是与观察者紧密相关的，以这样一个相对的物理

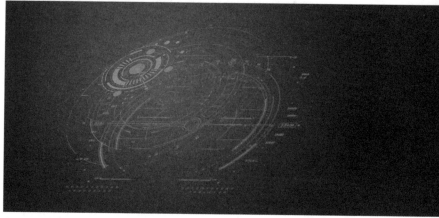

▲ 时空弯曲是广义相对论的基本思想

对象来划分物理理论不能很好地反映问题的本质。

目前，多数物理学家认为，狭义与广义相对论的区别在于所讨论的问题是否涉及引力（弯曲时空），即狭义相对论只涉及那些没有引力作用或者引力作用可以忽略的问题，而广义相对论则是讨论有引力作用时的物理学的。用相对论的语言来说，就是狭义相对论的背景时空是平直的，即由三维欧几里得空间与时间组成的四维流形配以闵氏度规，其曲率张量为零，又称闵氏时空；而广义相对论的背景时空则是弯曲的，其曲率张量不为零。

曲率张量

曲率就是针对曲线上某个点的切线方向角对弧长的转动率，表明曲线偏离直线的程度。数学上表明曲线在某一点的弯曲程度的数值。曲率越大，表示曲线的弯曲程度越大。曲率是几何体不平坦程度的一种衡量，平坦对不同的几何体有不同的意义。

张量这一术语起源于力学，它最初是用来表示弹性介质中各点应力状态的，后来张量理论发展成为力学和物理学的一个有力的数学工具。张量的重要特性在于它可以满足一切物理定律与坐标系的选择无关。

曲率张量是几何张量的一种，而黎曼曲率张量更因相对论为大家所熟知。

哈勃定律

　　对于宇宙是膨胀的这一论点最有力的支持就是哈勃定律的发现，哈勃通过对遥远太空天体的观察发现，一些河外星系正离我们远去。

　　哈勃定律的通俗解释为：河外星系的视向退行速度与距离成正比，即距离越远，视向速度越大。这个速度—距离关系在1929年被美国天文学家哈勃发现，称为哈勃定律或哈勃效应。在宇宙学研究中，哈勃定律成为宇宙膨胀理论的基础。但哈勃定律中的速度和距离均是间接观测得到的量。"速度—距离"关系和"速度—视星"等关系，是建立在观测红移—视星等关系及一些理论假设前提下的。哈勃定律最早是由对正常星系观测而得，现已应用到类星体或其他特殊星系上。哈勃定律通常被用来推算遥远星系的距离。

▲哈勃通过观测遥远天体使我们知道宇宙正在膨胀

🌐 定律的发现

宇宙中所有天体都在运动，天文学上把天体空间运动速度在观测者视线方向上的分量称为天体的视向速度。视向速度测定的基础是物理学上的多普勒效应，它由奥地利物理学家多普勒于1842年最先发现。该效应指出，运动中声源发出的声音（如高速运动火车的汽笛声），在静止观测者听来是变化的。若以c表示声速，v为声源的运动速度，则静止观测者实际听到的运动中声源所发出声音的波长λ，与声源静止时声音波长λ_0之间的关系符合数学表达式$(\lambda - \lambda_0)/\lambda_0 = v/c$。因为声速$c$和静止波长$\lambda_0$是已知的，$\lambda$可通过实测加以确定，所以可以利用多普勒效应测出声源的运动速度v，声源的运动速度越高，声波波长的变化越显著。

▲ 宇宙中所有星系都在做着远离地球的运动

光是一种电磁波，那么多普勒效应同样会适用于光线的传播，公式中的c就是光速，v就是天体的视向速度。以恒星为例，通常在恒星光谱中会有一些吸收谱线，这是恒星表面发出的光辐射被恒星大气中各种元素吸收造成的，且特定的元素严格对应着特定波长的若干条吸收线。只要把实测恒星光谱中某种元素的吸收谱线位置（运动光源的波长λ）与实验室中同种元素的标准谱线位置（静止波长λ_0）加以比较，就可以发现两者之间会产生一定的位移$\Delta\lambda = \lambda - \lambda_0$，即多普勒效应。$\lambda_0$是已知的，而 $\Delta\lambda$ 又可以通过观测得到，所以通过多普勒效应即可推算出恒星的视向速度 v，这就是确定天体视向速度的基本原理。通过这个方法，英国天文学家哈金斯在1868年首次测得天狼星的视向速度为46千米/秒，且正在远离地球而去。

随着宇宙科学的不断发展，一些天文学家开始把注意力转向星系。从20世纪20年代后期起，哈勃本人更是利用当时世界上最大的威尔逊山天文台2.5米口径的望远镜，全力从事星系的实测和研究工作，其中包括测定星系的视向速度，以及估计星系的距离，前者需要对星系进行光谱观测，后者则必须找到合适的、能用于测定星系距离的标距天体或标距关系。

哈勃开展上述两项工作的目的是为探求星系视向速度与距离之间是否存在某种关系。哈勃开展的这项观测研究是非常细致又极为枯燥的，他在相当长的一段时间内投入了自己的全部精力。与现代设备相比，哈勃当时的观测条件很简陋，2.5米口径望远镜不仅操纵起来颇为费力，而且不时会出现故障。星系是非常暗的光源，为了得到它们的光谱，在当时往往需要曝光达几十分钟乃至数小时之久，其间还不能跟丢目标星系。为获取尽可能清晰的星系光谱，哈勃甚至要用自己的肩膀顶起巨大的镜筒。

功夫不负有心人，经过几年的努力工作，到1929年哈勃获得了40多个星系的光谱，结果发现这些光谱都表现出普遍性的谱线红移。如果这是缘于星系视向运动而引起的多普勒位移，则说明所有的样本星系都在做远离地球的运动且速度很大。这与银河系中恒星的运动情况截然不同，因为银河系的恒星光谱既有红移，也有蓝移，表明有的恒星在靠近地球，有的恒星在远离地球。不仅如此，由位移值所反映出的星系运动速度远远大于恒星，前者可高达每秒上千千米，甚至更大，而后者通常仅为每秒几千米或几十千米。在合理地估计了星系的距离之后，哈勃惊讶地发现，样本中距离地球越远的星系，其谱线红移越大，且星系的视向退行速度与星系的距离之间可表述为简单的正比例函数关系：$v=H_0r$，v表示星系的视向速度，r表示星系的距离，这就是著名的哈勃定律，式中的比例系数H_0称为哈勃常数。

哈勃于1929年3月发表了他的首次研究结果，尽管取得了46个星系视向速度资料，但其中仅有24个确定了距离，且样本星系的视向速度最高没超过1 200千米/秒。实际上当时哈勃所导出的星系的速度—距离关系并不十分明晰，个别星系对关系式$v=H_0r$的弥散比较大。后来他与另一位天文学家赫马森合作，又获得了50个星系的光谱观测资料，其中最大的视向速度已接近20 000千米/秒。在他们两人于1931年根据新资料所发表的论文中，星系的速度－距离关系得到进一步确认，且更为清晰。1948年，他们测得长蛇星系团的退行速度已高达60 000千米/秒，而速度—距离关系依然成立。

▲ 哈勃发现银河系恒星有蓝移和红移现象

今天，哈勃定律已被众多的观测事实所证明，并为天文学家所公认，而且在宇宙学研究中起着特别重要的作用。有意思的是，哈勃这位举世公认的星系天文学创始人始终不愿接受术语"星系"，他在自己的论文和报告中一直坚持用"河外星云"一词来称呼河外星系。因此，美国历史学家克里斯琴森亲昵地将哈勃称为"星云世界的水手"，并以此作为书名，用35万余字的篇幅详细记述了哈勃的科学生涯，以纪念他在星系世界中长年的辛勤劳作和不朽业绩。

🪐 哈勃与哈勃望远镜

　　哈勃对20世纪天文系做出许多贡献，但其中两个尤为重要：一是确认星系是与银河系相当的恒星系统，开创了星系天文学，建立了大尺度宇宙的新概念；二是发现了星系的红移—距离关系，促使现代宇宙学的诞生。1914年，他在叶凯士天文台开始研究星云的本质，提出有一些星云是银河系的气团。他发现亮的银河星云的视直径与使星云发光的恒星亮度有关。并推测另一些星云，特别是那些有螺旋结构的，可能是更遥远的天体系统。1919年，他用当时世界上最大的150厘米和254厘米望远镜观测旋涡星云。当时天文界正围绕"星云"是不是银河系的一部分这个问题展开激烈的讨论。

　　1923—1924年，哈勃用威尔逊山天文台拍摄了仙女座大星云和M33的照片，在把它们边缘部分的恒星分出

▼哈勃望远镜使人类
第一次望向深空

来，再分析一批造父变星的亮度以后断定，这些造父变星和它们所在的星云距离我们有几十万光年，远超过当时银河系的直径尺度，因而一定位于银河系外，即它们确实是银河系外巨大的天体系统——河外星系。1924年

在美国天文学会一次学术会议上，哈勃正式公布了这一发现。这项发现使天文学家们都意识到，多年来关于旋涡星云是近距天体还是银河系之外的宇宙岛的争论就此结束，从而揭开了探索大宇宙的新纪元。

哈勃望远镜在人类探索宇宙奥秘的道路上可谓功不可没，其中重要成就包括：确定宇宙年龄、确定恒星形成、确定恒星死亡、发现黑洞。

1. 确定宇宙年龄

1990年4月24日，美国肯尼迪航天中心，"发现者"号航天飞机成功发射了一个太空空间望远镜，并用哈勃的名字为其命名，以纪念这位伟大的天文学家。由于哈勃望远镜位于地球大气层之上，因此具有地面望远镜所没有的优点：影像不受大气湍流的扰动，视相度绝佳，且无大气散射造成的背景光，还能观测被臭氧层吸收的紫外线。它成功弥补了地面观测的不足，帮助天文学家解决了许多天文学上的基本问题，使人类对天文物理有了更多的认识。

哈勃望远镜对造父变星的观测为哈勃常数的精确测量提供了保证。哈勃望远镜的精细导星传感器对造父变星进行了直接的视差测量，大大削减了用造父变星周光关系推算距离的不确定性。在哈勃空间望远镜之前，科学家通

▲通过对哈勃望远镜回传的照片分析，人类可以大概推算宇宙的年龄

过观测得到的哈勃常数有1～2倍的差异，但是在有了新的造父变星观测之后，宇宙距离尺度的不确定性大大下降，从而使人类对宇宙的扩张速率和年龄有了更正确的认知。

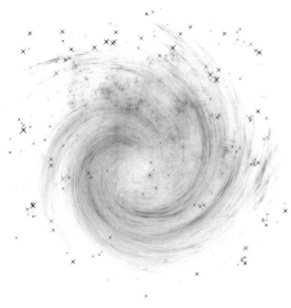

▲ 猎户星云

2. 确定恒星形成

哈勃望远镜还有助于研究诸如猎户星云之类的恒星形成区。人类通过哈勃望远镜对猎户星云的早期观测发现，其中聚集了许多被浓密气体和尘埃盘包裹的年轻恒星。尽管已经从理论上和甚大天线阵（Very Large Array）的观测中推测出这些盘的存在，但是直到哈勃望远镜拍摄出高分辨率照片才第一次直接揭示出这些盘的结构和物理性质。

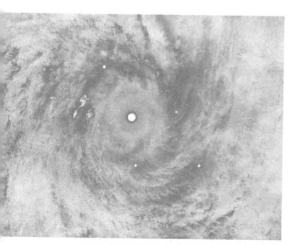

▲ 超大恒星的死亡产生的超亮电磁辐射

3. 确定恒星死亡

哈勃望远镜的观测还使超新星爆发和γ射线爆之间建立起了联系。通过哈勃望远镜对γ射线暴余晖的观测，研究人员把这些爆发锁定在了河外星系中的大质量恒星形成区。哈勃望远镜也令人信服地证明了这些剧烈的爆发和大质量恒星死亡的直接联系。

超新星爆发和γ射线暴

科学家认为，超新星爆发事件就是一颗大质量恒星的"暴死"。对于大质量的恒星，如质量大于8倍太阳质量的恒星，其内部温度远高于表面，最大的超巨星核心温度超过10亿开尔文（热力学温标）。对于一颗稳定的恒星，核心温度的理论上限为60亿开尔文。超过这个温度，恒星内部物质发射出的光子能量将达到可以在互相碰撞时转化成正负电子对，这样的反应会让恒星失去稳定，最终在一场巨大的爆炸中毁灭。这种爆炸十分明亮，爆发产生的电磁辐射甚至能够照亮其所在的整个星系，并可持续几周或一两个月才会逐渐衰减变为不可见，在这期间一颗超新星所辐射的能量相当于太阳一生辐射能量的总和。一般认为质量小于9倍太阳质量左右的恒星在经历引力坍缩的过程后无法形成超新星。

超新星爆发可用于检验当前的恒星演化理论，宇宙重元素的主要来源。由于非常亮，超新星也被用来确定距离。将距离同超新星在星系的膨胀速度结合起来就可以确定哈勃常数以及宇宙的年龄。

人类对宇宙天体的研究主要通过天文观测，而这也是唯一能在宇宙演化和结构的基础上测量宇宙距离和年龄的办法。哈勃空间望远镜能够通过对造父变星距离的测量来测定哈勃常数，而这与宇宙在今天的膨胀速度有关。此外，通过对超新星的测定，可以帮助研究人员来设定超新星的亮度，从而进一步确定宇宙早期膨胀的属性，从而为暗能量模型提供一个强有力的依据。

γ射线暴简称为"γ爆"，是宇宙中γ射线突然增强的一种现象。γ射线是波长小于0.01nm（纳米）的电磁波，是比X射线能量还高的一种辐射，

γ射线暴的能量非常高，但是持续时间很短，长得一般为几十秒，短的只有十分之几秒，而且它的亮度变化也是复杂而且无规律的。γ射线暴可以分为两种截然不同的类型，长久以来，天文学家们一直怀疑它们是由两种不同的原因产生的。更常见的长γ爆（持续2秒到几分钟不等）已经可以解释了。γ射线爆的能源机制依然是未解之谜，这也是γ射线暴研究的核心问题。

4. 发现黑洞

哈勃空间望远镜最早的核心计划之一就是要建立起由黑洞驱动的类星体和星系之间的关系。后来，通过它们对周围恒星的引力作用，针对哈勃望远镜所获得的近距星系光谱的动力学模型证实了黑洞的存在。这些研究也成功地测量了十几个星系中央黑洞的质量，揭示出黑洞质量和星系核球质量之间极为紧密的联系。

2011年11月8日，借助哈勃空间望远镜，天文学家们首次拍摄到围绕遥远黑洞存在的盘状结构，这个盘状结构由气体和尘埃构成，并且正处于不断下降进入黑洞且被消耗的过程中。当这些物质落入黑洞的一瞬间将释放巨大的能量，形成一种宇宙射电信号源，称为"类星体"。

▲围绕黑洞存在的盘结构

红移

宇宙学里程碑式的发现就是红移现象，正是通过这一现象才让我们了解到宇宙深处一些天体正在离我们远去，也证明了我们所处的宇宙空间不是静止的，而是在加速膨胀。

红移在物理学和天文学领域是指物体的电磁辐射由于某种原因波长增加的现象，在可见光波段，表现为光谱的谱线朝红端移动了一段距离，即波长变长、频率降低。红移现象目前多用于天体移动及规律的预测上。红移有三种：多普勒红移（由于辐射源在固定的空间中远离我们所造成的）、引力红移（由于光子摆脱引力场向外辐射所造成的）和宇宙学红移（由于宇宙空间自身的膨胀所造成的）。根据研究对象的不同，用到的红移方法也不同。

多普勒红移

物体和观察者之间的相对运动可以导致红移，与此相对应的红移称为多普勒红移，是由多普勒效应引起的。通常引力红移都比较小，只有在中子星

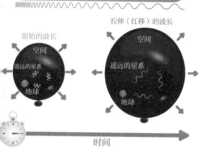

宇宙红移

原始的波长

拉伸（红移）的波长

空间

遥远的星系

地球

空间

遥远的星系

地球

时间

▲ 宇宙红移矢量图。多普勒效应天文现象距离实例：与地球和遥远的星系拉伸和原始的空间波长

或者黑洞的周围这种效应才会比较大。对于遥远的星系来说，宇宙学红移是很容易区别的，但是在星系因为膨胀远离我们的时候，由于其自身的运动，在宇宙学红移中也会掺杂进多普勒红移。

🪐 引力红移

根据广义相对论，光摆脱引力场中逃出来时也会发生红移的现象，这种红移称为引力红移。一般说来，为了从其他红移中区别引力红移，可以将这个天体的大小与这个天体质量相同的黑洞的大小进行比较。类似星云和星系这样的天体，它们的半径是相同质量黑洞半径的千亿倍，因此其红移的量级也大约是静止频率的千亿分之一。对于普通的恒星而言，它们的半径是同质量黑洞半径的10万倍左右，这已经接近目前光谱观测分辨率的极限了。中子星和白矮星的半径大约是同质量黑洞半径的10倍和3 000倍，其引力红移的量级可以达到静止波长的1/10和1/1 000。

🪐 宇宙学红移

20世纪初，美国天文学家埃德温·哈勃发现，观测到的绝大多数星系的光谱线存在红移现象。这是由于宇宙空间膨胀使天体发出的光波被拉长，谱线因此"变红"，这种现象称为宇宙学红移，并由此得到哈勃定律。20世纪60年代发现了一类具有极高红移值的天体——类星体，于是这一现象成为近代天文学中非常热门的研究领域。宇宙学红移在10亿个秒差距的尺度上是非常明显的。但是对于比较近的星系，由于星系本身在星系团中的运动所造成的多普勒红移和宇宙学红移的量级差不多，就需要仔细区别这两者。通常星系在星系团中的速度为3 000千米/秒，这大约与在500万个秒差距处的星系的退行速度相当。

▲ 通过对光谱线的比对，可以确定物体的运动方向与速度

知识拓展14

文学家为什么用秒差距来描述天体间的距离

秒差距（pc）是天文学上的一种长度单位，是一种最古老的，同时也是最好测量恒星距离的方法。它是建立在三角视差基础上的，即从地球公转轨道的平均半径为底边所对应的三角形内角称为视差。当这个角的大小为1秒时，这个三角形（由于1秒的角所对应的两条边的长度差异完全可以忽略，因此，这个三角形可以想象成锐角三角

形，也可以想象成等腰三角形）的一条边的长度（地球到这个恒星的距离）就称为1秒差距。天文学家使用秒差距而不是天文单位来描述天体的距离，原因之一是因为使用秒差距数字小且更便于计算。离我们最近的恒星（太阳除外）比邻星的秒差距约为1.29pc（4.22光年）。用我们平时用的单位对比看看这个秒差距是个多大的单位吧：

1秒差距=3.2615637771418798291光年=206264.806245480309553天文单位=308567.75814671915808亿千米，现在看出用秒差距描述天体间距离的好处了吧。

红移的测量

红移可以经由单一光源的光谱进行测量。如果在光谱中有一些特征，可以是吸收线、发射线或是其他在光密度上的变化，那么原则上红移就可以测量。这需要一个有相似特征的光谱来做比较，例如，原子中的氢，当它发出光线时有明确的特征谱线，特征谱线都有一定间隔。如果有这种特性的谱线形态但在不同的波长上被比对出来，那么这个物体的红移就能测量了。因此，测量一个物体的红移，只需要频率或是波长的范围。只观察到一些孤立

▲ 具有特征谱线的天体才可以测量它的红移

的特征，或是没有特征的光谱，或是白噪声（一种相当无序杂乱的波），是无法计算红移值的。红移（和蓝移）因天体被观测到辐射波长（或频率）而带有不同的变化特征，天文学习惯使用无因次的量z来表示。在z被测量后，红移和蓝移只是简简单单的正负号的区别。例如，提到多普勒效应的红移，就会联想到物体远离观测者而去并且能量减少。同样，爱因斯坦效应的蓝移可以联想到光线进入强引力场，而爱因斯坦效应的红移是离开引力场。

知识拓展15

因次是什么意思

所有的物理量都是由自身的物理属性（类别）和量度标准（量度单位）两个因素构成的。例如长度，它的物理属性是线性几何量，量度单位则规定有米、厘米、英尺、光年等不同的单位。通常以L代表长度因次，M代表质量因次，T代表时间因次。不具因次的物理量称为无因次量，就是纯数，如圆周率π、雷诺数Re等。

暗物质和暗能量

　　科学家认为暗物质是不发出电磁辐射也不与电磁波相互作用的一种物质。人们目前只能通过引力产生的效应得知宇宙中有大量暗物质的存在。暗物质存在的最早证据来源于对球状星系旋转速度的观测。

　　科学家通过研究发现，暗能量在宇宙中约占总物质的73%。他们认为对于通常的能量（辐射）、重子和冷暗物质，压强都是非负的，所以必定存在着一种未知的负压物质主导着今天的宇宙。目前观测到的宇宙运动都是旋涡型的，所以暗能量也会以一种旋涡运动的形式出现，暗能量的旋转范围内会形成一种旋涡场，我们称之为暗能量旋涡场。用En表示太阳系的暗能量，用Ep来表示物质绕太阳系中心运动的总动能。当$En=Ep$时，太阳系旋涡场处于平衡状态，它既不会膨胀也不

▲ 宇宙中的一切运动都是旋涡型的

会收缩。但当*En*衰退时，太阳系旋涡场就会收缩，太阳系中所有的行星就会向太阳靠近。通过智能关系式就引出了暗物质这个概念，之所以将其称为暗物质而不是物质，就是因为它与一般的物质有着本质的区别。

🪐 感知暗物质

普通物质总是能与光或部分波发生相互作用，或者在一定的条件下自身就能发光或折射光线，从而被人们可以感知、看见、摸到或者借助仪器可以测量得到。然而暗物质恰恰相反，它根本不与光发生作用，更不会发光，因为不发光又与光不发生任何作用，所以不会反射、折射或散射光，即对各种波和光它们都是百分之百的透明体！所以在天文上用光的手段绝对看不到暗物质，不管是电磁波、无线电还是红外射线、γ射线、X射线这些统统都毫无用处，故而不被人们的所感知也不能被目前的仪器观测到。而"暗能量"比暗物质更奇特，因为它只有物质的作用效应而不具备物质的基本特征，所以称不上物质，故而将其称之为"暗能量"。虽然"暗能量"也不被人们所感觉也不被目前各种仪器所观测，但是人们凭借理性思维可以预测并感知到它的确存在。

暗物质与暗能量被认为是宇宙研究中最具挑战性的课题，它们代表了宇宙中约90%以上的物质含量，而我们可以观测到的物质只占宇宙总物质量的很小一部分，现在认为是约4%。暗物质虽然无法直接观测到，但现代天文学通过引力透镜、宇宙中大尺度结构形成、微波背景辐射等发现它能干扰星体发出的光波或引力，可以感受到它的存在。科学家曾对暗物质的特性提出多种假设，但直到目前还没有得到充分的证明。但是如果假设它是一种弱相互作用亚原子粒子的话，那么由此形成的宇宙大尺度结构与观测相一致。但

▲ 暗物质可能是我们这个宇宙的重要组成部分

最近对星系以及亚星系结构的分析显示，这一假设和观测结果之间存在着差异，这又为多种可能的暗物质理论提供了用武之地。通过对小尺度结构密度、分布、演化以及其环境的研究可以区分这些潜在的暗物质模型，这为暗物质的研究带来新的曙光。

🌑 发现暗物质

1933年，天体物理学家弗里兹·扎维奇利用光谱红移测量了后发座星系团中各个星系相对于星系团的运动速度。利用位力定理，他发现星系团中星系的速度弥散度太高，仅靠星系团中可见星系的质量产生的引力是无法将其束缚在星系团内的，因此星系团中应该存在大量的未知物质即暗物质，其质量至少是可见星系质量的百倍以上，之后科学家们通过几十年的观测、分析证实了这一点。

位力定理

位力定理广泛用于描述自引力系统在平衡状态下不同形式能量之间的关系，天文学的研究对象多为自引力系统。1870年夏，克劳修斯在一次报告中提到"系统的平均活力等于其位力（virial，拉丁文，力的意思）"，用现代语言解释就是位力是合力F与位置矢量的标积平均值之半。之后，瑞利勋爵提出了位力定理的普遍形式，庞加莱、钱德拉塞卡、费米等人又对该定理做了进一步的完善。

虽然最初科学家们对暗物质的性质无法确定，但是到了20世纪80年代，占宇宙能量密度大约20%的暗物质已为天体物理学界大多数人接受了。

在引入宇宙膨胀理论之后，许多宇宙学家相信我们的宇宙是一个平行空间，而且宇宙总能量密度必定是等于临界值的（这一临界值用于区分宇宙是封闭的还是开放的）。与此同时，宇宙学家们也倾向于一个简单的宇宙，其中能量密度都以物质的形式出现，包括约4%的普通物质、约96%的暗物质与暗能量。事实上，观测结果从来就没有与此相符过。

虽然研究人员在总物质密度的估计上存在着比较大的误差，但是这一误差还没有大到使物质的总量达到临界值，而且这一观测结果和理论模型之间的不一致也变得越来越明显。不过，我们忽视了极为重要的一点，即暗物质促成了如今的宇宙结构，如果没有暗物质就不会形成星系、恒星和行星，更

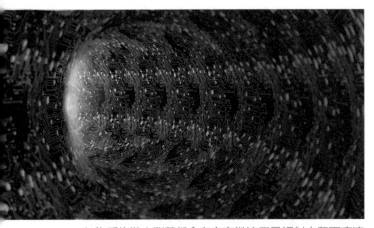

▲ 物质的微小涨落都会在宇宙微波背景辐射中留下痕迹

谈不上人类了。

宇宙尽管在极大的尺度上表现出均匀和各向同性，但是在小一些的尺度上则存在着恒星、星系、星系团以及星系长城，而在大尺度上能够促使物质运动的力就只有引力了。但是均匀分布的物质不会产生引力，因此今天所有的宇宙结构必然源自宇宙极早期物质分布的微小涨落，而这些涨落会在宇宙微波背景（CMB）辐射中留下痕迹。然而普通物质不可能通过其自身的涨落形成实质上的结构而又不在宇宙微波背景辐射中留下痕迹，因为那时普通物质还没有从辐射中脱耦出来。另一方面，不与辐射耦合的暗物质，其微小的涨落在普通物质脱耦之前就放大了许多倍。在普通物质脱耦之后，已经成团的暗物质就开始吸引普通物质，进而形成了我们现在观测到的结构。

为了解释这一模型，必须先交代一件重要的事情。对于先前提到的小扰动（涨落），为了预言其在不同波长上的引力效应，小扰动谱必须具有特殊的形态。为此，最初的密度涨落应该是标度无关的。也就是说，如果我们

▲ 人类为了探知宇宙的奥秘发明了各种航天器

把能量分布分解成一系列不同波长的正弦波之和，那么所有正弦波的振幅都应该是相同的。"大爆炸"初期暴涨理论的成功之处就在于它提供了很好的动力学机制来形成这样一个与标度无关的小扰动谱（其谱指数$n=1$），威尔金森微波各向异性探测器（WMAP）的观测结果证实了这一预言。

但是如果我们不了解暗物质的性质，就不能说我们已经了解了宇宙。现在已经知道了两种暗物质——中微子和黑洞。可是它们对暗物质总量的贡献是非常微小的，暗物质中的绝大部分现在还不清楚。2006年，美国天文学家利用钱德拉X射线望远镜对子弹星系团1E0657—56进行观测，无意间观测到星系碰撞的过程。星系团碰撞时威力极猛，使得暗物质与正常物质分开，因此发现了暗物质存在的直接证据。

 知识 拓展 17

宇宙微波背景辐射

宇宙背景辐射是指来自宇宙空间背景上的各向同性的微波辐射，也称为微波背景辐射。

它的特征和绝对温标2.725K的黑体辐射相同。宇宙微波背景是宇宙观测科学的基础，它们是宇宙中最古老的光。利用传统的光学望远镜，观测到的恒星和星系之间的空间（背景）是一片漆黑。然而，利用灵敏的辐射望远镜可发现微弱的背景辉光，且在各个方向上几乎一模一样，与任何恒星，星系或其他对象都毫无关系，这种光的电磁波谱在微波区域最强。微波背景辐射

▶星系与恒星之间黑暗的空间存在的古老辉光让人类看到了古老的宇宙信息

应具有比遥远星系和射电源所能提供的更为古老的信息。

最先发现宇宙微波背景辐射的美国科学家彭齐亚斯和R.W.威尔逊，当时他们为了改进卫星通信，建立了高灵敏度的号角式接收天线系统。1964年，他们用这个系统测量银晕气体射电强度，为了降低噪音，他们甚至清除了天线上的鸟粪，但依然有消除不掉的背景噪声。他们认为，这些来自宇宙的波长为7.35厘米的微波噪声相当于3.5K。1965年，他们又订正为3K，并将这一发现公之于世，他们也因这一发现获得了1978年诺贝尔物理学奖。

暗能量与宇宙常数

关于暗能量概念的起源，还得追溯到科学巨匠爱因斯坦。 1917年，他在广义相对论的基础上导出了一组引力方程式，方程式的结果预示着宇宙是在做永恒运动的，这个结果与爱因斯坦的宇宙是静止的观点相悖。为了使这个结果能预示宇宙呈静止状态，爱因斯坦又给方程式引入了一个项，并将其称为"宇宙常数"。

1997年12月，作为"大红移超新星搜索小组"成员的哈佛大学天文学家罗伯特·基尔希纳根据超新星的变化发现，宇宙膨胀速度非但没有在自身重力下变慢反而在一种看不见的、无人能解释的、神秘力量的控制和推动下变快。人们只能猜测：我们所处的这个宇宙可能处于一种人类还不了解、还未认识到的继目前物质的固态、液态、气态、场态之后另一种状态的物质控制和作用之下，这种物质不同于普通物质的一切属性及其存在和作用机制，这种"物质"因其绝对不同于人们所熟知的普通物质态，故而科学家为了区分它们暂且将其称为"暗物质"，将其具备的作用称之为"暗能量"。

哈勃空间望远镜也证实了宇宙是在不断膨胀的，这一观测结果完全与引入"宇宙常数"之前的引力方程的计算结果相符合，当爱因斯坦得知"实际上的宇宙是

▼ 对于宇宙，人类大约只认识了其中的 4%

在膨胀着的"这个消息后非常后悔，他于是发出了"引入宇宙常数是我这一生所犯的最大错误！"这一感叹。现在看来，他的结论下得过早了。在那之后的很长一段时间，"宇宙常数"被人抛在记忆的角落里，后来从发现宇宙加速膨胀这一现象人们意识到宇宙中存在着某种"巨大的能量"，人们又把"宇宙常数"找了出来，但它被赋予了"暗能量"的含义。

科学家们通过多次各种观测和计算证实：暗能量在宇宙中约占68.3%、暗物质约占26.8%、普通物质占4.9%。这实在是一个令人震惊的信息，这将预示着人们看到的、认识的宇宙约占整个宇宙的4%，而大约96%的东西竟然是我们完全不了解的。

21世纪初，美国国家研究委员会发布一份题为《建立夸克与宇宙的联系——新世纪11大科学问题》的研究报告认为，暗物质和暗能量应该是未来几十年天文学研究的重中之重，"暗物质"的本质问题和"暗能量"的性质问题在报告所列出的11个大问题中分列为第一和第二位。美国国家航空航天局（NASA）在轨道中运行的威尔金森微波仪探测卫星收集到的材料也证明超新星在发生类似的变化。这些现象令科学家忐忑不安，因为这将预示着爱因斯坦、霍金等理论家

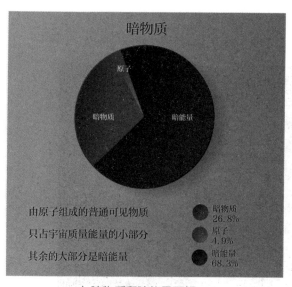

▲ 暗物质和暗能量图解

可能都错了，影响并决定整个宇宙的力量不是引力和重力等已知作用力，而是以"宇宙常量"形式存在的"暗能量"和"暗物质"。

所以有人认为，暗能量在宇宙中更像是一种背景和一种"超导体"，它就像是空气相对于人类或者是大海相对于鱼儿一样，也就是在宇宙物理学上它的确表现得更像一个真空，因此也有人把"暗能量"称之为"真空能"。"暗能量"是不是就是"真空能"呢？如果真空真是"暗能量"，那么就应该具备一切能量的基本属性和基本特征——力。可见真空是否具备力的特征和力的属性将是"暗能量"成为真空的前提条件。

综上所述，我们可以看出，所有矛盾的焦点都集中在真空是否具备力的属性这个问题上，如果真空一旦被证明具备力的属性，那么"真空力"就成为独立于万有引力、电磁力、强力和弱力之后在自然界中普遍存在着的第五种自然作用力，那么在真空中将存在某一种效应，真空则可能是控制着整个宇宙的神秘能量——暗能量，这一切的一切就因为真空存在"力"而变为现实、变为可知的。

🪐 发现暗能量

按照宇宙大爆炸理论，在大爆炸发生之后，随着时间的推移，宇宙的膨胀速度将因为物质之间的引力作用而逐渐减慢，就像缓慢踩了刹车的汽车一样。也就是说，距离地球相对遥远的星系，其膨胀速度应该比那些近的星系慢一些。但无论是早期的哈勃观测到的，还是在1998年，美国加州大学伯克利分校物理学伯克利国家实验室（LBNL）高级科学家索尔皮尔姆特以及澳大利亚国立大学布赖恩施密特分别领导的两个小组的观测发现，那些遥远的星系正在以越来越快的速度远离我们。也就是说，宇宙是在加速膨胀，仿佛

▲对 Ia 类型超新星的爆发进行观测，是了解暗能量最好的方法

一辆不断踩油门的汽车，而不是像此前科学家所预测的那样处于减速膨胀状态。这样一个完全出乎意料的观测结果，从根本上动摇了过去对宇宙的理解。那么到底是什么样的力量，在促使所有的星系或者其他物质加速远离呢？科学家们将这种与引力相反的斥力来源称为"暗能量"。

但"暗能量"到底意味着什么？至今我们能够给出的只是一个十分粗略的宇宙结构：我们所熟悉的世界，即由普通原子构成的所见世界，仅仅约占整个宇宙的4.9%，未知粒子构成其中约26.8%的暗物质，它们不参与电磁作用，无法用肉眼看到，但依旧与普通物质一样，参与引力作用，因此仍可能探测到。剩下约68.3%就是神秘的暗能量，它无处不在、无时不在。由于我们对其性质知之甚少，科学家还不清楚如何在实验室中验证其存在，只是通过天文观测这一间接手段来感知它神秘的力量。

对Ia类型超新星的爆发进行观测，是目前人类最主要的了解暗能量的方法。这种超新星是由双星系统中的白矮星爆炸形成的，亮度几乎恒定。这样，通过测量其亮度，就可以知道它和地球之间的距离，进而了解其速度。借助哈勃望远镜这样灵敏的天文仪器的帮助，我们至少可以观测到90亿光年之外，也就是说能观测到宇宙90亿年前的信息。

霍普金斯大学教授阿德姆瑞斯展示的最新"暗能量"场景如下：在大爆炸后的初期，宇宙经历了一个急速膨胀阶段。此后，由于暗物质以及物质之间的距离非常接近，在引力作用下，宇宙的膨胀速度开始减速。然而，至少在90亿年前，宇宙中另外一种力量——表现为排斥力发生的量——暗能量已经出现，并且开始逐步抵消引力作用。随着宇宙的膨胀，不断增长的暗能量终于在50亿～60亿年前超越引力。此后，宇宙从减速膨胀转变为加速膨胀状态，并且一直持续至今。

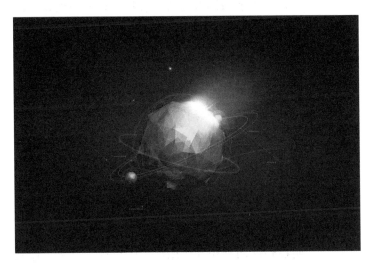

▲ 大质量天体会造成时空弯曲产生的引力透镜效应就像天体间的多媒体线路

大统一理论

大统一理论是想用同一组方程式描述全部粒子和力（万有引力、电磁相互作用、强相互作用、弱相互作用四种人类目前所知的所有的力，且最有可能将四种力统一在同一框架下的是膜理论）物理性质的理论或模型的总称，这一尚未找到的理论有时也称为万物之理。

爱因斯坦在提出相对论以后，从20世纪30年代开始就致力于寻找一种统一的理论来解释所有相互作用，以便解释一切物理现象。爱因斯坦在创建相对论时就意识到，自然科学中"统一"的概念或许是一个最基本的法则。他试图将当时已发现的四种相互作用统一到一个理论框架下，从而找到这四种相互作用产生的根源。这一工作几乎耗尽了他后半生的精力，以至于一些史学家断言这是爱因斯坦的一大失误。但是，在爱因斯坦

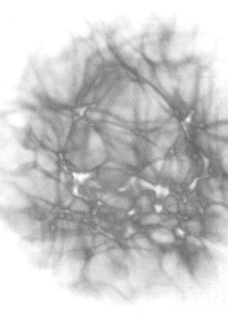

▲ 最有可能将四种力统一在同一框架下的是膜理论

的哲学中，"统一"的概念深深扎根于他的思想中，他越来越确信"自然界应当满足简单性原则"。虽然他的"大统一理论"没有成功，可是建立统一理论的思想却始终吸引着成千上万的物理学家。

🪐 引力

任何有质体（有质量之物）之间都存在相互吸引的力。牛顿发现所有的东西一旦失去支撑必然会坠下，继而他发现任何两物体之间都存在着吸引力，而这种引力更与其距离的平方成反比，并最终总结出万有引力定律。

🪐 电磁力

电磁力是指处于电场、磁场或电磁场的带电粒子所受到的作用力。法拉第（1791—1867）发现了某种具有深远意义的事情——尽管表面现象不同，但是电和磁仅仅是同一个基本性质的不同表现形式。1861年，苏格兰理论物理学家詹姆斯·麦克斯韦（1831—1879）成功地把法拉第的发现转换成数学语言。其成果就是现在著名的麦克斯韦电磁方程组。这些方程阐明了电与磁实质上的统一性。

🪐 强相互作用

强相互作用乃是让强子们结合在一块的作用力，人们认为其作用机制乃是核子间相互交换介子而产生的。

　　1973年，维尔切克、格罗斯、波利策三位物理学家用完美的数学公式提出了一种新理论。乍一看，他们的理论是完全矛盾的，因为对他们的数学结果表明，夸克间的距离越近，强作用力越弱。当夸克间彼此非常接近时，强作用力是如此之弱，以至它们的行为完全就像自由粒子。物理学家们将这种现象称为"渐近自由"，即渐近不缚性。反过来也是正确的，即当夸克间的距离越大时，强作用力就越强。这种特性可用橡皮筋的性质来比喻，即橡皮筋拉得越长，作用力就越强。

夸克是什么

　　夸克（quark）是一种参与强相互作用的基本粒子，也是构成物质的基本单元。夸克互相结合，形成一种复合粒子，叫强子。强子中最稳定的是质子和中子，它们是构成原子核的单元。由于一种叫"夸克禁闭"的现象，夸克不能够直接被观测到或是被分离出来，只能够在强子里面找到。所以，我们对夸克要间接通过对强子的观测才能了解。

　　渐近自由理论解释了质子和中子的成分夸克为何从来都不会分离。这一发现导致了一个全新的理论——量子色动力学的诞生。这一理论对标准模型有着重要的贡献。标准模型描述了与电磁力、强相互作用、弱相互作用有关的所有物理现象，但它并没有包括重力。在量子色动力学家的帮助下，物理学家终于能够解释为什么夸克只有在极高能的情况下才会表现为自由粒子。在质子和中子中，夸克总是像"三胞胎"一样出现。

 知识拓展⑲

标准模型说的是什么

在粒子物理学中，标准模型是一套描述强力、弱力及电磁力这三种基本力及组成所有物质的基本粒子的理论。它隶属量子场论的范畴，并与量子力学及狭义相对论相容。到目前为止，几乎所有对以上三种力的实验的结果都合乎这套理论的预测。但是标准模型还不是适用万物的理论，因为它并没有描述到引力。

🪐 弱相互作用

20世纪末，在发现β衰变的时候，关于弱相互作用是一个不同的物理作用力的想法，其演化是很缓慢的。只有当实验上发现了其他弱作用，如μ衰变、μ俘获等，并且理论上认识到所有这些作用能够近似地用同一个耦合常

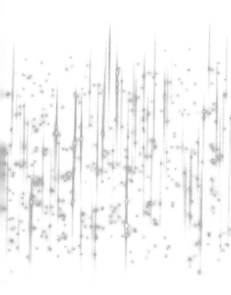

▲通过轰击粒子获得组成
所有物质基本粒子

数来描述之后，这一看法才变得明朗起来，才产生了普适的弱相互作用的看法。只有在此之后人们才慢慢地认识到：弱相互作用形成一个独立的领域，或许可与万有引力、电磁力和强作用处于同样的地位。

现在我们知道，最早观察到的原子核的β衰变是弱作用现象。弱作用仅在微观尺度上起作用，其力程最短，其强度排在强相互作用和电磁相互作用之后居第三位。其对称性较差，许多在强作用和电磁作用下的守恒定律都遭到破坏（见对称性和守恒定律）。例如，宇称守恒在弱作用下不成立。弱作用的理论是电弱统一理论，弱作用通过交换W及Z玻色子（发射及吸收）而传递。弱作用引起的粒子衰变称为弱衰变，弱衰变粒子的平均寿命为3×10^{-25}秒。

宇称守恒是什么意思

宇称守恒是指在任何情况下，任何粒子的镜像与该粒子除自旋方向外具有完全相同的性质。该定律表明：如果描述系统初态的波函数具有偶

（奇）宇称，则描述终态的波函数也具有偶（奇）宇称。

这一定理是在诺特定理下推广开来的，诺特定理表明，作用量的每一种对称性都对应一个守恒定律，有一个守恒量，对称和守恒这两个概念是紧密地联系在一起的。

该定律于1926年提出，在强力、电磁力和万有引力中相继得到证明，但在1956年被证实在弱相互作用中不成立，此结论由美籍华人科学家李政道和杨振宁提出，他们因此获得诺贝尔奖。

　　人们因为四季和日夜交替产生了时间的概念，而伟大的爱因斯坦认为人们对所生活的空间和所感知的时间完全出于一种错觉。他认为时间和空间是同时产生的，也会同时消亡，黑洞可以很直观地让我们理解爱因斯坦的时空观。

黑洞的发现

空间与时间开始的地方

万物有其起始，我们知道一个婴儿源于精子与卵子的结合，一个果实源于一粒种子，但我们生活的这个神奇宇宙最初来自哪里？希腊人相信他们的神创造了世界，基督徒对他们的上帝深信不疑，我们有盘古开天辟地的神话传说……世人对于世界的产生竟有如此丰富的想象力，这对于那些聪明的大脑将会产生怎样的折磨呢？一个伟大的思想者一定希望有一个准确的解释可以让人们不再怀疑，哪怕在寻找答案的过程中会出现各种不完美，但正因这

种寻找产生了科学。虽然现在人类关于宇宙有了很多模型，也有不同的科学依据来论证这些模型，但对于黑洞大家的认识却是相同的，它可能是最好解释宇宙起源与结束的天体。

我们前面讨论的只是关于宇宙内部秩序的内容，但却没有讨论产生这些秩序的根本，如果没有一个开始，那么这些秩序将是无本之木，也就没有了意义。也就是说如果我们不能对宇宙起源有一个清楚的认识，那人类对宇宙所有的研究都如空中楼阁，人类的自尊是不允许这样的事情存在的，对于未知，我们永远不会停下探寻的脚步。

🪐 奇点

爱因斯坦让我们对世界有了一个全新的认识，他说时间与空间同时产生，它们来自一个无限曲率的点——奇点。空间—时间在该处开始，在该处完结。爱因斯坦说，时间

◀宇宙空间拍摄的银河系与星空

和空间是人们认识的错觉。因为宇宙万事万物的变化让人们产生了时间的概念。在奇点处，随着宇宙的诞生，时间与空间开始有了变化，一切也就从这里开始。经典广义相对论预言存在奇点，但由于现有理论在该处失效，也就是说，不能用定量分析的方法来描述在奇点处有些什么。根据目前的黑洞理论，黑洞中心存在一个密度与质量无限大的奇点，所以要定义黑洞之前，必须定义奇点。

爱因斯坦曾用一个气球说明，假如一个物体的能量或者质量足够大，它就会将气球刺出一个洞，而这个洞就是奇点。由于现代科学技术已经能够证明黑洞的存在，又确定黑洞的中心是一个奇点，说明研究宇宙从黑洞开始是最好的方法。很显然，光线是无法从黑洞里逃逸出来的，这就说明黑洞的引力加速度和表面逃逸速度都是超光速的。现有的理论是把撞到奇点上的物质看作"消失"了，事实上，物体在接近奇点的时候会被很快地加速到光速以上，而根据以前的证明，超过光速就会跳到另外一个时空，所以根本就不用管这个可怜的物体，他和当前时空没有关系。

根据以上的推理，就可以对奇点做一个新的定义，奇点是现有时空上的一个破损点。换句话说，奇点就是时空隧道的入口，假如能忍受加速度造成的潮汐力，完全可以从这里出去。物质此时此地已经被转化为能量。

我们可以认为这个破损点是裸奇点，维持它所需的能量为0。由于这个点是一个破洞，所以它的质量基本为0，使用爱因斯坦的方程$E=mc^2$（E为能量，m为质量，c为光速），就会发现奇点是类似于黑体的东西，它和黑体具有很多相同的性质。首先，由于绝对黑体不存在，所以假定一个封闭的盒子上面的一个小孔是黑体，但在这里必须考虑量子效应，因为大多数情况下奇点是一个量子级别的点，根据不确定性原理，可以很容易地得出奇点具有微小能量的结论，这就使得奇点具有温度（像黑洞那样），就具有了类似与黑体辐射的东西，这里暂时称为奇点能量辐射。

黑体辐射有什么神奇的作用

想知道什么是黑体辐射，就要知道人们是如何定义黑体这一概念的。在任何条件下，对任何波长的外来辐射完全吸收而无任何反射的物体被称为黑体。

因为任何物体都具有不断辐射、吸收、反射电磁波的性质。辐射出去的电磁波在各个波段是不同的，也就是具有一定的谱分布。这种谱分布与物体本身的特性及其温度有关，因而被称之为热辐射（热辐射是在真空中唯一的传热方式）。为了研究热辐射规律，物理学家们就定义了一种理想物体——黑体，以此作为热辐射研究的标准物体。理想黑体可以吸收所有照射到它表面的电磁辐射，并将这些辐射转化为热辐射，其光谱特征仅与该黑体的温度有关，与黑体的材质无关。黑体虽被假定为不反射任何辐射，但黑体未必是黑色的，例如太阳为气体星球，可以认为射向太阳的电磁辐射很难被反射回来，所以可以将太阳看作一个黑体。

由于奇点的巨大吸引力，所以不会存在裸奇点，因为它很快会被物质和能量包裹起来，于是就形成了黑洞。如果认为这种定义方式是能够最好地描述现实情况的理论模型之一，那么对于一个观测者来说，他所能观测到地从裸奇点所发出的奇点能量辐射很可能和理论值是有差距的。前面内容说过人们认为奇点可能连通另一个时空，另一个时空的能量或辐射完全可以通过这一点进入时空中。但很可惜，在大多数情况下，这些辐射会极为微弱（因为目前连黑洞辐射也无法被观测到，黑洞辐射比这还要强一些），在接近3K的宇宙背景辐射中几乎是无法被测得的。虽然奇点只是理论上存在的概念，但对黑洞的研究让人们相信，一定有一个使我们今天宇宙开始的奇异点。

钱德拉塞卡极限

1928年，一位印度研究生——萨拉玛尼安·钱德拉塞卡——乘船到英国剑桥跟天文学家阿瑟·爱丁顿爵士（广义相对论专家）学习。在赴英途中，钱德拉塞卡意识到不相容原理所能提供的排斥力有一个极限。恒星中的粒子的最大速度差被相对论限制为光速，这意味着，当恒星变得足够紧致时，由不相容原理引起的排斥力就会比引力的作用小。钱德拉塞卡计算出，一个大约为太阳质量1.44倍的冷下来的恒星不能支撑自身以抵抗自己的引力。（这质量现在称为钱德拉塞卡极限）

苏联科学家列夫·达维多维奇·兰道几乎在同时也发现了类似的结论。这个发现对于研究大质量恒星的最终归宿具有重大的意义。如果一颗恒星的质量比钱德拉塞卡极限小，它最后会停止收缩并终于变成一颗半径为几千千米和密度为

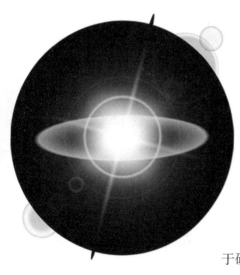

▲一个达到钱德拉塞卡极限的冷恒星最终会坍缩为一点

每立方厘米几百吨的"白矮星"。白矮星是由其物质中电子之间的不相容原理排斥力所支持的。人类已观察到大量的白矮星，第一颗被观察到的白矮星是绕着夜空中最亮的恒星——天狼星转动的那一颗。

另一方面，质量比钱德拉塞卡极限还大的恒星在耗尽其燃料时，在某种情形下会爆炸或抛出足够的物质，使自己的质量减少到极限之下，以避免灾难性的引力坍缩。从钱德拉塞卡极限方程可以得知，只要超过钱德拉塞卡极限，白矮星就可能成为体积为零但密度为无穷大的物体。爱丁顿对此感到震惊，他拒绝相信钱德拉塞卡的结果，爱丁顿认为，一颗恒星不可能坍缩成一点，这是大多数科学家的观点。爱因斯坦就写了一篇恒星的体积不会收缩为零的论文。然后爱丁顿的质疑使钱德拉塞卡放弃了这方面的工作，转去研究诸如恒星团运动等其他天文学问题。但人们认为钱德拉塞卡因星体结构和进化的研究而获得1983年诺贝尔奖，至少部分原因在于他早年所做的关于冷恒星质量极限的研究。

兰道认为对于恒星还存在另一可能的最终状态，其极限质量大约也为太阳质量的1倍或2倍，但是其体积甚至比白矮星还小得多，这些恒星是由中子和质子之间而不是电子之间的不相容原理排斥力所支持，可以称它们为中子星。它们的半径只有10千米左右，密度为每立方厘米几千亿千克。在中子星被第一次预言时，并没有任何方法去观察它。实际上，观察到它们已是很久以后的事了。

奥本海默极限

钱德拉塞卡指出，不相容原理不能够阻止质量大于钱德拉塞卡极限的恒星发生坍缩。但是，根据广义相对论，这样的恒星会发生什么情况呢？这个问题在1939年由奥本海默等人解决了。

奥本海默等人首先讨论了由简并中子态物质构成的致密星体，即中子星的平衡和稳定性，这种星体的性质，主要由自引力和简并中子压力二者之间的平衡决定。利用广义相对论的无转动球对称星体结构方程，并用理想费米气体方程作为中子物质的状态方程，奥本海默等人证明了存在一个为太阳0.7倍的临界值：当星体的质量小于这个极限质量时，有稳定的平衡解；反之，没有稳定的平衡解。中子星的质量这个临界质量，这个值被称为奥本海默极限。通俗来讲就是，一颗热核能源耗尽的星体，如果质量大于奥本海默极限，不可能成为稳定的中子星。它的一种可能归宿是经过无限坍缩形成黑洞，另一种归宿是形成介于中子星与黑洞之间的其他类型的致密星体。由于他们所用的状态方程对中子星而言并不理想，这个极限值现代修订为太阳质量的1.5倍～3倍。

后来因第二次世界大战，奥本海默卷入原子弹计划中，战后大部分科学家又被吸引到原子和原子核尺度的物理研究领域，因而引力坍缩的问题被大部分人忘记了。直到1967年，剑桥大学的一位研究生约瑟琳·贝尔发现了太空发射出无线电波的规则脉冲的物体，这又使人们对黑洞存在的预言产生了信心。起初贝尔和她的导师安东尼·赫维许以为，他们可能和我们星系中的外星文明进行了接触！他们将四个最早发现的脉冲物体称为LGM1—4，LGM

（Little Green Man），然而，结论实在让人失望，这些被称为脉冲星的物体实际是旋转的中子星。

🪐 关于黑洞的预言

事实上，因为光速不变的，所以在牛顿力学中将光做类似炮弹那样处理实在是不精准。从地面发射上天的炮弹由于引力而减速，最后停止上升并折回地面。可一个光子必须以不变的速度继续向上，那么引力对光子是如何发生影响的呢？直到1915年爱因斯坦提出广义相对论之前，都没有引力对光有何影响的理论。甚至又过了很长时间，这种理论对大质量恒星的含义才被理解。

现在，天文学家已知道黑洞是由大质量恒星坍缩而成的，在观察一个恒星坍缩并形成黑洞时，通过相对论我们知道没有绝对时间，所以每个观测者都有自己的时间观念。由于恒星的引力场，在恒星上某人的时间将和在远处某人的时间不同。

▼ 在巨大的引力场吸引下，一颗黑洞中的恒星正在崩溃

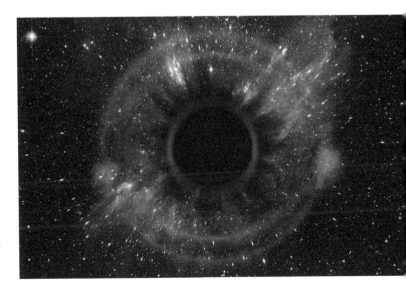

引力坍缩

引力坍缩是天体物理学上恒星或星际物质在自身物质的引力作用下向内塌陷的过程。产生这种情况的原因是恒星本身不能提供足够的压力以平衡自身的引力，从而无法继续维持原有的流体静力学平衡，引力使恒星物质彼此拉近而产生坍缩。在天文学中，恒星形成或衰亡的过程都会经历相应的引力坍缩。引力坍缩被认为是Ib和Ic型超新星以及Ⅱ型超新星形成的机制，大质量恒星坍缩成黑洞时的引力坍缩也有可能是γ射线暴的形成机制之一。至今人们对引力坍缩在理论基础上还不十分了解，很多细节仍然没有得到理论上的完善阐释。由于在引力坍缩中很有可能伴随着引力波的释放，通过对引力坍缩进行计算机数值模拟以预测其释放的引力波波形是当前引力波天文学界研究的课题之一。

假定在坍缩星表面有一个无畏的航天员和恒星一起向内坍缩，按他的时间观念，每一秒钟发一个光波信号到一个绕着该恒星转动的飞船上去。在某一时刻，譬如9点钟，恒星刚好收缩到它的临界半径（事件视界），此时引力场强到没有任何东西可以逃逸出去，这个航天员的信号再也不能传到飞船了。当9点到达时，他飞船中的伙伴发现，航天员发来的一串信号的时间间隔越变越长，他们必须为9点发出的信号等待无限长的时间。按照航天员的手表，光波是在8点59分59秒和9点之间由恒星表面发出，从飞船上看，那光波被散开到无限长的时间间隔里。所以恒星来的光显得越来越红、越来越淡，最后，飞船上的人再也看不见它。然而，恒星继续以同样的引力作用到飞船上，结果就是飞船继续绕着一个漩涡场旋转。

▲ 黑洞视界内的一切都不会让外面的观察者看到

事实上这种情况不会发生，因为在恒星还未坍缩到临界半径而形成事件视界之前，作用到航天员身上的潮汐力就已经将他扯成面条并最终将他撕裂！

知识拓展23 ·····································

潮汐力

当引力源对物体产生力的作用时，由于物体上各点到引力源距离不等，所以受到引力大小不同而产生引力差，从而对物体产生撕扯效果，这种引力差就是潮汐力。当一个天体甲受到天体乙的引力的影响，力场在甲面对乙跟背向乙的表面的作用，有很大差值。这使得甲出现很大应变，甚至会化成碎片。潮汐力会改变天体的形状而不改变其体积。地球的每部分都受到月球的引力影响而加速，地球上的观察者因此看到海洋内的水不断重新分布。当天体受潮汐力而自转，内部摩擦力会令其旋转动能化为内能，内能继而转成热。若天体接近系统内质量最大的天体，自转的天体便会以同一面朝质量最大的天体公转，即潮汐锁定，如月球和地球。在日常生活中潮汐力很难被察觉出来，但是一旦处在一个强引力场中这种效果将会非常明显（如黑洞附近）。有人认为可以通过黑洞进入时空隧道，但你在靠近黑洞的时候，强大的潮汐力就足以将你撕成碎片。潮汐力就是万有引力的微小差别所引起的作用，更严格地说，是万有引力与惯性离心力的差值。

罗杰·彭罗斯在1965—1970年做了大量研究并指出，根据广义相对论，在黑洞中必然存在无限大密度和无限空间—时间曲率的奇点，在此奇点，科

▲ 一个冲向大质量天体的宇航员，头部和脚底受的引力是不同的

学定律将全部失效。然而，任何留在黑洞之外的观察者，将不会受到可预见性失效的影响，因为从奇点出发的不管是光还是任何其他信号都不能到达。这令人惊奇的事实导致罗杰·彭罗斯提出了宇宙监督猜测，即由引力坍缩所产生的奇点只能发生在像黑洞这样的地方，在那儿一切都被事件视界遮住而不被外界看见。所以上面说的宇航员不幸的遭遇是不会被留在黑洞外面的观察者看见的。

黑洞的产生

　　人们认为黑洞的产生过程类似于中子星的产生过程，恒星的核心在自身重力的作用下迅速地收缩、坍陷，最后发生强力爆炸。当核心中所有的物质都变成中子时收缩过程立即停止，被压缩成一个致密星体，同时也压缩了内部的时空。但在黑洞情况下，由于恒星核心的质量大到使收缩过程无休止地进行下去，中子在自身的吸引下被碾为粉末，剩下来的是一个密度高到难以想象的物质。由于大质量而产生的引力，使得任何靠近它的物体都会被它吸进去。通俗解释就是：通常恒星的最初只含氢元素，恒星内部的氢原子时刻相互碰撞，发生核聚变。由于恒星质量很大，聚变产生的能量与恒星自身重力抗衡以维持恒星结构的稳定。当恒星内部不具有足够的能量撑住外壳巨大的重力，在外壳的重压之下，核心开始坍缩，物质不可避免地落向中心，直到最后形成体积接近无限小、密度几乎无限大的星体，而当它的半径一旦收缩到一定程度（一定小于史瓦西半径），质量导致的时空扭曲就使得光也无法向外射出——"黑洞"诞生了。

核聚变

核聚变是指由质量小的原子，主要是氢原子核（氘或氚），在一定条件下（如超高温和高压）发生原子核互相聚合作用，生成新的质量更大的原子核，并伴随着巨大的能量释放的一种核反应形式。原子核中蕴藏巨大的能量，原子核的变化（从一种原子核变化为另外一种原子核）往往伴随着能量的释放。如果是由重的原子核变化为轻的原子核，叫核裂变，如原子弹爆炸；如果是由轻的原子核变化为重的原子核，叫核聚变，如太阳发光发热的能量来源。

白矮星

白矮星，又称为简并矮星，是由电子简并物质构成的小恒星。它们的密度极高，一颗质量与太阳相当的白矮星体积只有地球这么大，微弱的光度则来自过去储存的热能。在太阳附近的区域内已知的恒星中大约有6%是白矮星。白矮星的名字是威廉·鲁伊登在1922年取的。

白矮星被认为是低质量恒星演化阶段的最终产物，在我们所属的星系内97%的恒星都属于这一类。恒星在演化后期，抛射出大量的物质，经过大量的质量损失后，如果剩下的核质量小于钱德拉塞卡极限，这颗恒星便可能演化成为白矮星。对白矮星的形成也有人认为，白矮星的前身可能是行星

▲ 一颗红巨星没有足够的质量产生能够让碳燃烧的更高温度，它最终的命运就是成为一颗白矮星。

状星云（宇宙中由高温气体、少量尘埃等组成的环状或圆盘状物质，它的中心通常都有一个温度很高的恒星——中心星）的中心星，它的核能源已经基本耗尽，整个星体开始慢慢冷却、晶化，直至最后"死亡"。中低质量的恒星在度过生命期的主序星阶段，结束氢融合反应之后，将在核心进行氦融合，将氦燃烧成碳和氧的氦聚变过程，并膨胀成为一颗红巨星。如果红巨星没有足够的质量产生能够让碳燃烧的更高温度，碳和氧就会在核心堆积起来。在散发出外面数层的气体成为行星状星云之后，留下来的只有核心的部分，这个残骸最终将成为白矮星。因此，白矮星通常都是由碳和氧组成，但也有可能核心的温度可以达到燃烧碳却仍不足以燃烧氖的高温，这时就能形成核心由氧、氖和镁组成的白矮星。有些由氦组成的白矮星是由联星的质量损失造成的。白矮星的内部不再有物质进行核融合反应，因此恒星不再有能量产生，也不再由核融合的热来抵抗重力崩溃，它是由极端高密度的物质产生的电子简并压力来支撑。对一颗没有自转的白矮星，电子简并压力能够支撑的最大质量是1.44倍太阳质量（钱德拉塞卡极限），一旦达到或超过这个质量，它将坍缩为一个黑洞。

白矮星形成时的温度非常高，但是因为没有能量的来源，将会逐渐释放它的热量并且逐渐变冷（温度降低），这意味着随着时间的逐渐减小，它的辐射会从最初的高色温转变成红色。经过漫长的时间，白矮星的温度会冷却到光度不能被看见而成为冷的黑矮星。但是，现在的宇宙仍然太年轻，即使是最年老的白矮星依然辐射出数千开尔文的温度，还不可能有黑矮星的存在。

知识拓展25

红巨星

当一颗恒星度过它漫长的青壮年期——主序星阶段，步入老年期时，它将首先变为一颗红巨星。红巨星是恒星燃烧到后期所经历的一个较短的不稳定阶段，根据恒星质量的不同，历时只有数百万年不等，这与恒星几十亿年甚至上百亿年的稳定期相比是非常短暂的。红巨星时期的恒星表面温度相对很低，但极为明亮，因为它们的体积非常巨大。在赫罗图上，红巨星是巨大的非主序星，光谱属于K型或M型。金牛座的毕宿五和牧夫座的大角星都是红巨星。

1911年和1913年，丹麦天文学家赫茨普龙和美国天文学家罗素分别在一张图上标识出恒星的光谱类型与光度的关系，于是就把这张图以两位天文学家的名字来命名，称为赫罗图。赫罗图的纵轴是光度与绝对星等，而横轴则是光谱类型及恒星的表面温度，从左向右递减。恒星的光谱型通常可大致分为O、B、A、F、G、K、M七种，要记住这七个类型有一个简单的英文口诀："Oh be A Fine Girl/Guy, Kiss Me！"

🪐 中子星

中子星，又名波霎（脉冲星都是中子星，但中子星不一定是脉冲星，我们必须收到中子星的脉冲，才能将它视为脉冲星），是恒星演化到末期，经由重力崩溃发生超新星爆炸之后，可能成为的少数终点之一。也就是一个质量没有达到可以形成黑洞的恒星在寿命终结时坍缩形成的一种介于恒星和黑洞的星体，其密度比地球上任何物质的密度都大很多倍。中子星的密度为10^{11}kg/cm^3，也就是每立方厘米的质量竟为1 000亿千克之巨！对比起白矮星每立方厘米几万千克的质量，白矮星似乎又不值一提了。事实上，中子星的质量是如此之大，半径10千米的中子星质量就同太阳的质量相当了。

同白矮星一样，中子星是处于演化后期的恒星，它也是在老年恒星的中心形成的。只不过能够形成中子星的恒星，其质量更大罢了。根据科学家的计算，当老年恒星的质量大于10个太阳质量时，最后它就有可能变为一颗中子星，而质量小于10个太阳的恒星往往只能变成一颗白矮星。

▲黑洞或中子星从轨道上的伴星吸入气体

但是，中子星与白矮星的区别是：生成它们的恒星质量不同，但它们的物质存在状态完全不同。简单地说，白矮星的密度虽然大，但还在正常物质结构能达到的最大密度范围内，电子还是电子，原子核还是原子核。而在中子星里，压力是如此之大，电子被压缩到原子核中，同质子中和成为中子，使原子仅由中子组成，而整个中子星就是由这样的原子核紧挨在一起形成的。中子星就是一个巨大的原子核，中子星的密度就是原子核的密度。在形成的过程方面，中子星同白矮星是非常类似的。当恒星外壳向外膨胀时，它的核受反作用力而收缩。核在巨大的压力和由此产生的高温下发生一系列复杂的物理变化，这个恒星将在一次可怕的爆炸中结束自己的生命，即"超新星爆发"，最后形成一颗中子星内核，也可以说中子星是超新星爆发的残骸。

☄ 时空扭曲暴露黑洞的秘密

根据广义相对论，时空会在引力场作用下弯曲，大密度天体会让时空弯曲，光线也就偏离了原来的方向，即光在恒星表面附近会向内偏折，这一预言最早由爱丁顿在日食出现时观察远处恒星发出的光线出现偏折所证明。当该恒星向内坍缩时，其质量导致的时空扭曲变得很强，光线向内偏折得也更强，从而使光线从恒星逃逸变得更为困难。对于在远处的观察者而言，光线变得更黯淡、

▲ 黑洞时空的扭曲是光线也逃不掉的

更红。最后，当这颗恒星收缩到某一临界半径（史瓦西半径）时，其质量导致时空扭曲变得如此之强，使得光向内偏折得再也逃逸不出去。如果光都逃逸不出来，其他东西就更不可能逃逸，都会被拉回去。即存在一个事件的集合或时空区域，光或任何东西都不可能从该区域逃逸而到达远处的观察者，人们称这样的区域为黑洞。其边界被称为事件视界，它和刚好不能从黑洞逃逸的光线的轨迹相重合。

与别的天体相比，黑洞十分特殊，人们无法直接观察到它，科学家也只能对它内部结构提出各种猜想，而让黑洞把自己隐藏起来的原因就是弯曲的时空。在地球上，由于引力场作用很小，时空的扭曲是微乎其微的。而在黑洞周围，时空的这种变形非常大。这样，即使是被黑洞挡着的恒星发出的光，虽然有一部分会落入黑洞中消失，可另一部分光线会通过弯曲的空间绕过黑洞而到达地球。让我们观察到黑洞背面的星空，就像黑洞不存在一样，黑洞通过这种方法隐身，也因此暴露了自己。

更有趣的是，有些恒星不仅是朝着地球发出的光能直接到达地球，它朝其他方向发射的光也可能被附近的黑

▼ 因为黑洞强大的引力，人们只是通过它对附近天体的影响来确定它的存在

洞的强引力折射而能到达地球。这样我们不仅能看见这颗恒星的"脸"，还同时看到它的"侧面"甚至"后背"，这是宇宙中的"引力透镜"效应。

知识拓展26

引力透镜效应

引力场源对位于其后的天体发出的电磁辐射所产生的汇聚或多重成像效应，因类似凸透镜的汇聚效应，被称为引力透镜效应。引力透镜效应是爱因斯坦的广义相对论所预言的一种现象，由于时空在大质量天体附近会发生畸变，使光线在大质量天体附近发生弯曲（光线沿弯曲空间的短程线传播）。如果在观测者到光源的视线上有一个大质量的前景天体则在光源的两侧会形成两个像，就好像有一面透镜放在观测者和天体之间一样，这种现象称之为引力透镜效应。对引力透镜效应的观测证明了爱因斯坦广义相对论的预言是正确的。

据研究，我们所居住的银河系的中心部位可能存在一个超大质量黑洞，银河系所有恒星都围绕着它公转。据最新研究显示，宇宙中最大质量的黑洞开始快速成长的时期可能比科学家原先的估计更早，并且现在仍在加速成长。一个来自以色列特拉维夫大学的天文学家小组发现，宇宙中最大质量黑洞的首次快速成长期出现在宇宙年龄约为12亿年时，而不是之前认为的20亿~40亿年。

事件视界

事件视界是一种时空的曲隔界线。视界中任何的事件皆无法对视界外的观察者产生影响。在黑洞周围的便是事件视界。在非常巨大的引力影响下，黑洞附近的逃逸速度大于光速，使得任何光线皆不可能从事件视界内部逃脱。根据广义相对论，在远离视界的外部观察者眼中，任何从视界外部接近视界的物件，将须要用无限长的时间到达视界面，其影像会经历无止境逐渐增强的红移，但该物件本身却不会感到任何异常，并会在有限时间之内穿过视界。

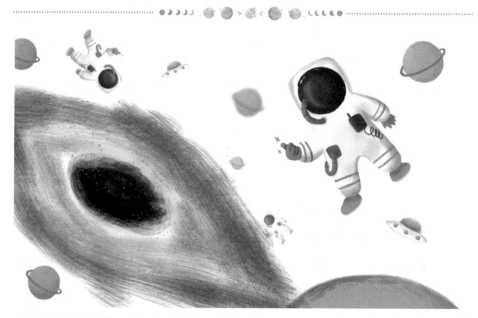

▲ 遥远的观测者并不可能看到宇航员跨越事件视界，而仅仅能看到他以越来越慢的速度靠近它

黑洞的物理性质

黑洞牵扯着人类的神经，因为人们认为它也许是毁掉宇宙的恶魔，科学的研究有时出于兴趣，但有时也是源于恐惧，因为人们实在想了解可能毁灭宇宙的原因，而黑洞的发现正让两种情绪得到了很好的结合并生发出巨大的研究热情。

🪐 史瓦西半径

根据爱因斯坦的广义相对论，黑洞是可以预测的，他们发生于史瓦西度量。这是由卡尔·史瓦西于1915年发现的爱因斯坦方程的最简单解。因为相对论指出任何物质都不可能超越光速，在史瓦西半径以下的天体的任何物质——包括重力天体的组成物质——都将坍陷于中心部分——一个有理论上无限密度组成的重力点。

▲ 黑洞和它的视界

由于在史瓦西半径内连光线都不能逃出黑洞，所以一个典型的黑洞确实是"黑"的。小于史瓦西半径的天体被称为黑洞（又称史瓦西黑洞）。在不自转的黑洞上，史瓦西半径所形成的球面组成一个视界（自转的黑洞的情况稍有不同），光和粒子均无法逃离这个球面。

当大质量天体演化到末期，其坍缩核心的质量超过太阳质量的3.2倍时，由于没有能够对抗引力的斥力，核心坍塌将无限进行下去，从而形成黑洞。天文学的观测表明，在绝大部分星系的中心，包括银河系，都存在超大质量黑洞，它们的质量大约是数百万个到数百亿个太阳的质量。据计算，银河系中心的超大质量黑洞的史瓦西半径约为780万千米。

史瓦西半径由下面公式给出：

公式：$Rs=2Gm/c^2$

G是万有引力常数，m是天体的质量，c是光速。对于一个与地球质量相等的天体，其史瓦西半径仅有9mm。

知识拓展28

柯西视界

相对论思想的核心是因果性，即事件相互影响的方式。一个"事件"是时空中的一个"点"，即一定时刻的一个空间位置。假如信号在原则上能以光速或更低的速度从一个事件到达另一个事件，那么它就可以影响那个事件。在相对论数学中，那些受我们的常数时间曲面影响的时空点叫作那个常数时间曲面的"柯西发展"[以法国数学家柯西（1789—1857）的名字命名]。可霍金提出了不同的观点，他认为存在另外一种时空，这个时空有着不完全决定未来所有区域的常数时间面。霍金为这样的时空引进"柯西视界"概念，意思是能被确定的区域的边界。柯西视界出现在爱因斯坦方程中的某些黑洞解中。柯西视界有别于黑洞的视界，但两种视界都具有把时空分为两个不同区域的性质。

温度

从前面内容中我们已经知道热辐射这一概念，即物体由于具有温度而辐射电磁波的现象。就辐射谱而言，黑洞与有温度的物体完全一样，而黑洞所对应的温度，则正比于黑洞视界的引力强度。换句话说，黑洞的温度取决于它的大小。若黑洞只比太阳的质量重几倍，它的温度大约只比热力学温度0开（旧称"绝对零度"）高出亿分之一开，而更大的黑洞温度更低。因此这类黑洞所发出的量子辐射会被大爆炸所留下的2.7K（开尔文）辐射（宇宙背景辐射）完全淹没。

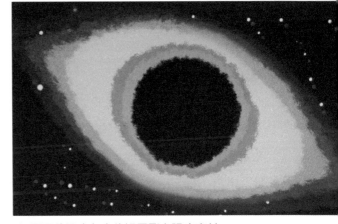

▲ 黑洞的温度与它的视界引力强度有关

拖拽圈与光子球

转动状态的质量会对其周围的时空产生拖拽现象，这种现象被称作参考系拖拽。旋转的黑洞也会对周围时空产生拖曳现象。只有旋转黑洞才有参考系拖拽圈，也就是说黑洞南北极与赤道在时空效应上有所不同，这会产生一些奇妙的效应可以让我们来断定那里有个黑洞天体。

光子球是个零厚度的球状边界。在此边界所在位置上，黑洞的引力所造成的重力加速度刚好使得部分光子以圆形轨道围着黑洞旋转。对于非旋转的黑洞来说，光子球半径大约是史瓦西半径的1.5倍，这个轨道不是稳定的，随时会因为黑洞的成长而变动。

观测者可以利用光圈效应及参考系拖拽圈观测进入或脱离黑洞的光子的运动，通过间接的手段，例如可通过粒子含量的分布及旋转黑洞的能量拉出过程来间接了解其引力的分布，透过引力的分布重新建立其参考系拖拽圈。只有双星以上的系统才能够进行这样的观测。

热力学四定律

1972年，美国普林斯顿大学青年研究生雅各布·贝肯斯坦提出黑洞"无毛定理"：星体坍缩成黑洞后，其最终性质仅由几个物理量（质量、角动量、电荷）确定。即当黑洞形成之后，只剩下这三个不能变为电磁辐射的守恒量，其他一切信息（"毛发"）都丧失了，黑洞几乎没有形成它的物质所具有的任何复杂性质，对前身物质的形状或成分都没有记忆。也就是说静止能、转动动能、电势能三者之间存在相互转化关系，这与热力学第一定律表达式非常相似，并且表达的内容也是能量守恒，人们称其为黑洞力学第一定律。

彭罗斯宇宙监督假设

这个监督假设由著名物理学家罗杰·彭罗斯于1969年提出。彭罗斯猜测，在一颗恒星的坍缩过程中如果产生一个奇点，就必然会有一个事件视界随之形成，也就是说禁止裸奇点的出现。只要把奇点用视界包起来，它发出的不确定信息就不会跑出黑洞，因此不会影响宇宙的演化。但是在内视界内部，进入黑洞的人仍可能看到奇点，仍会受它们的奇异性的影响。彭罗斯的这个假设被学术界称为"宇宙监察假设"，虽然这只是一个猜测，但是却成了整个现代黑洞研究大厦的基石。

伟大的亚瑟·爱丁顿爵士说：如果有人指出你心爱的宇宙理论和麦克斯韦方程矛盾，那麦克斯韦方程也许会倒霉；如果你的理论和实际观察矛盾，实验物理学家是有可能把事情搞砸。但如果你的理论和热力学第二定律矛盾——那你一丝一毫的希望也没有，你的理论必将在最无限的羞辱中轰然坍塌。

我们知道，在热力学中并不是所有满足能量守恒的过程都可以实现，只有同时满足第二定律：封闭系统的熵不能减少这一条件才可以实现。熵增原理是一条与能量守恒有同等地位的物理学原理。实践证明，只要忽略这一原理就会不可避免地遭到失败。这就说明，黑洞必须有熵。贝肯斯坦认为，黑洞的表面积与它的熵含量成正比，他给出的数学表达式为：

$$S \leq \frac{2\pi kRE}{hc}$$

其中，S是熵、k是玻尔兹曼常数、R是包围整个系统的球壳半径、E是包含任何静止质量的总质能、h是约化普朗克常量、c则是真空中的光速。这个公式成功地给黑洞内所能包含的信息——乃至有限空间内所能包含的最大信息——规定了上限。

 知识拓展30

热力学第二定律

这一定律说不可能把热从低温物体传到高温物体而不产生其他影响，或不可能从单一热源取热使之完全转换为有用的功而不产生其他影响，或不可逆热力过程中熵的微增量总是大于零，亦称"熵增定律"，表明了在自然过程中，一个孤立系统的总混乱度（熵）不会减小，熵增过程就是一个自发的由有序向无序发展的过程。

在贝肯斯坦提出黑洞熵概念前，霍金在不考虑量子效应、宇宙监督假设和强能量条件成立的前提下证明了黑洞面积定理：黑洞的表面积在顺时针方向永不减少，真实的时空都满足强能条件，即时空的应力（某一点单位面积上的内力）不能太小。两个黑洞合并后的黑洞面积不会小于原先两个黑洞面积之和。1974年，霍金提出了霍金辐射，并运用能量、温度与熵之间的热力学关系证实了贝肯斯坦的猜想，同时修正其正比系数为1/4，得出黑洞熵公式：

$$S = \frac{c^3 A}{4hG}$$

其中，c为真空中的光速，A为黑洞事件视界的面积，h为约化普朗克常数，G为牛顿引力常数。

热力学第三定律告诉我们，不能通过有限次操作把温度降到热力学温度0开。因此可以存在黑洞力学第三定律：不能通过有限次操作把一个非极端黑洞转变为极端黑洞，它与彭罗斯的宇宙监督假设是等价的，它是一条独立于第一定律与第二定律的公理。热力学还有个第零定律：如果物体A与B达到热平衡，B与C达到热平衡，则A与C也一定达到热平衡，如果类比正确，那黑洞可能存在一条类似的第零定律。目前已经证明稳态黑洞表面引力是一个常数，人们把这一结论称为黑洞力学第零定律。因此，黑洞表面引力相当于温度，表面积相当于熵，如果是真温度，黑洞就是个热力学系统，应该存在热辐射，但通常对黑洞的理解是一个只进不出的天体，不会有热辐射。1973年前霍金等人强调，黑洞温度并不应该看作真正的温度。因此上述定律没有被称为黑洞力学定律。直到1974年霍金发现黑洞存在热辐射，热力学四定律便同样适用于黑洞。

黑洞的表面引力

表面引力就是将物体放在视界处（若黑洞旋转就认为物体与视界一起旋转，与视界相对静止）受到的引力场强度。一个系统存在熵就存在温度，在视界面积与熵成正比的前提下容易证明表面引力与温度成正比。极端黑洞证明它们的表面引力为零，也就是说，极端黑洞是绝对零度的黑洞。

黑洞的演化过程

黑洞是经过怎样的途径发展到如今的状态？接下来就让我们看一下黑洞形成的神奇过程。

🪐 黑洞的吸积

黑洞通常是因为它们聚拢周围的气体产生辐射而被发现的，这一聚拢过程被称为吸积，高温气体辐射热能的效率会严重影响吸积流的几何与动力学特性。目前观测到了辐射效率较高的薄盘以及辐射效率较低的厚盘。当吸积气体接近中央黑洞时，它们产生的辐射对黑洞的自转以及视界的存在极为敏

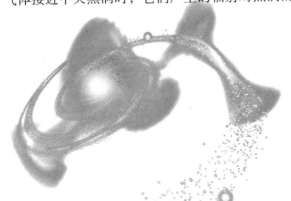

◀黑洞因为吸积作用而被发现

感。对吸积黑洞光度和光谱的分析，为旋转黑洞和视界的存在提供了强有力的证据。数值模拟显示吸积黑洞经常出现相对论性喷流，但一部分也是由黑洞的自转所驱动的。

相对论性喷流

　　相对论性喷流是来自某些活动星系、射电星系或类星体中心的强度非常强的等离子体喷流，这种喷流的长度可达几千甚至数十万光年。一般认为相对论性喷流的直接成因是中心星体吸积盘表面的磁场沿着星体自转轴的方向扭曲并向外发射，因而当条件允许时在吸积盘的两个表面都会形成向外发射的喷流。一般还认为相对论性喷流的形成是解释 γ 射线爆成因的关键，也是目前已知速度最快的天体之一。

　　吸积是天体物理中最普遍的过程之一，而且也正是因为吸积才形成了我们周围许多常见的结构。在宇宙早期，当气体向由暗物质造成的引力势阱中心流动时形成了星系。即使到了今天，恒星依然是由气体云在其自身引力作用下坍缩碎裂，进而通过吸积

▲ 相对论性喷流

周围气体而形成的。行星（包括地球）也是在新形成的恒星周围通过气体和岩石的聚集而形成的。但是当中央天体是一个黑洞时，吸积就会展现出最为壮观的一面。

黑洞的终极命运

由于黑洞的密度极大，根据公式密度=质量/体积我们可以知道，为了让黑洞密度无限大，黑洞的体积要无限小、质量要无限大，这样才能成为黑洞。然而，据目前人类所知，黑洞是由一些恒星"灭亡"后所形成的天体，他的质量很大，体积很小。那么问题就产生了，黑洞会一直存在吗？答案是否定的，黑洞也有灭亡的那天，由于黑洞无限吸积，但是总会有质子逃脱黑洞的束缚，经过日积月累，黑洞就会慢慢地蒸发或爆炸，它爆炸时产生的冲击波足以让地球毁灭1 018万亿次以上。科学家经常用天文望远镜观看黑洞爆炸的画面，它爆炸所形成的尘埃是形成恒星的必要物质，这样也就初步解释了太阳系形成的机制。

英国物理学家霍金早在1974年就预言了黑洞会爆炸（霍金辐射），当时整个科学界都为之震

▲ 霍金预言黑洞会爆炸

惊。可以说霍金是从广义相对论和量子理论中产生的灵感。他相信黑洞周围的引力场释放出能量，同时消耗黑洞的能量和质量。人们可以认定一对粒子会在任何时刻、任何地点被创生，被创生的粒子就是正粒子与反粒子，而如果这一创生过程发生在黑洞附近的话，就会出现反粒子被吸入黑洞而正粒子逃逸这种现象，由于能量不能凭空创生，我们假设反粒子携带负能量，正粒子携带正能量，而反粒子的所有运动过程可以视为一个正粒子相反的运动过程，如一个反粒子被吸入黑洞可视为一个正粒子从黑洞逃逸。这一情况就是一个携带着从黑洞里来的正能量的粒子逃逸了，即黑洞的总能量少了，而爱因斯坦的质能公式——$E=mc^2$表明，能量的损失会导致质量的损失。当黑洞的质量越来越小时，它的温度会越来越高。这样，当黑洞损失质量时，它的温度和发射率增加，因而它的质量损失得更快。这种"霍金辐射"对大多数黑洞来说可以忽略不计，因为大黑洞辐射得比较慢，而小黑洞则以极高的速度辐射能量，直至黑洞爆炸。这也是湮灭现象之一。

知识拓展33

湮灭

物质和它的反物质相遇时，会发生完全的物质-能量转换，产生光子等能量的过程称为湮灭。宇宙中存在着我们看不见摸不着的"反物质世界"，它的基本属性同我们周围的世界正好相反。反物质的原子核是由反质子和反中子构成的"反核"，外有正电子环绕。反物质一旦同我们世界的"正物质"接触，便会在瞬间发生爆炸，这就是湮灭现象。

几种不同类型的黑洞

按组成来划分，黑洞可以分为两大类。一类是暗能量黑洞，另一类是物理黑洞。暗能量黑洞是星系形成的基础，也是星团、星系团形成的基础。也有理论认为在星系中间存在的是超大质量黑洞，其质量介于100万倍～100亿倍太阳质量之间，但对暗能量黑洞的解释却是具有暗能量而没有巨大的质量。物理黑洞也可称为恒星黑洞，是由一颗或多颗天体坍缩形成，具有巨大的质量。它比起暗能量黑洞来说体积非常小，它甚至可以缩小到一个奇点。

◀存在星系间的超大质量黑洞最终会坍缩为一个奇点

克尔黑洞

通过前面的内容我们已经知道，史瓦西半径是任何具有重力的质量物体的临界半径。小于其史瓦西半径的物体被称为黑洞，史瓦西黑洞的设定是不带电、不进行自旋转的黑洞。克尔在史瓦西解的基础上让这个黑洞模型旋转起来，从而得到了克尔解所描述的黑洞。

别小看这个旋转，在黑洞强大的引力下，不仅仅要考虑旋转引起的离心现象，还要考虑黑洞对外部时空的拖拽、对内部时空的扰动以及黑洞结构的改变和由此产生的影响。因此，克尔黑洞的结构比史瓦西黑洞复杂了许多。克尔黑洞有两个视界和两个无限红移面，而且这四个面并不重合。视界才是黑洞的边界，是指任何物质都无法逃脱的边界。无限红移面是指光在这个面上发生无限红移，即光从一个边界射出后发生引力红移，红移后的频率为零，这一边界就是无限红移面。史瓦西黑洞和带电黑洞的视界和无限红移面是重合的，但是克尔黑洞并不重合，两个无限红移面分别在内视界内部和外视界外部，它们与视界所围成的空间分别叫内能层和外能层。

当黑洞旋转速度加快，内外视界就可能合二为一，当旋转速度再增加一点，视界便消失，奇环裸露在外面，这与彭罗斯的宇宙监督假设矛盾。这说明黑洞的转速是有限制。那么，旋转黑洞有哪些特点呢？

在旋转黑洞的最外层，由于旋转会产生对周围时空的拖拽效应（伦斯—梯林效应），存在着一个判断物体是否可以静止于时空中的静止界面。静止界面外的物体在被拖拽的时空旋涡场中相对于极远处的观测者静止不动，而在静止界面内的物体一定会被黑洞的强大引力拖动并开始旋转。在这个界面内部，也像史瓦西黑洞一样存在着视界，但是要比史瓦西视界更加复杂，因为在这里视界分为两个：内视界和外视界。

外视界是物体能否与外界通讯的分界面，而内视界是奇点的奇异性质能否影响外界的分界面。也就是说，进入外视界的物体，必定会被吸入奇点，然后被摧毁，但是还可以在达到内视界以前享受一段相对"安宁"的日子，而一旦进入内视界，任何物体都会在内视界中奇点的奇异性质面前屈服，并在达到奇点以前被摧毁。在外视界和静止界面之间有一个相对十分广阔的区域，叫"能层"，在能层中蕴藏着黑洞旋转时的旋转能。另外，在能层中，由于黑洞旋转带来的拖拽会将时空撕裂，从而产生穿越时空的虫洞。在内视界内部，也会存在一个如史瓦西黑洞一样汇聚奇异性质的地方，但是不像史瓦西黑洞那样是一个奇点，而是一个独特的奇异环—— 一个充满量子效应奇异性质的面，安静地平躺在黑洞赤道面上。

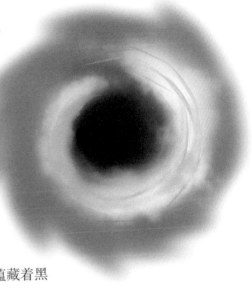

▲ 旋转黑洞会有两个视界面

不旋转带电黑洞

不旋转带电黑洞也称R–N黑洞，此类黑洞的时空结构由赖斯纳和纳兹顿于1916—1918年求出。R–N黑洞是史瓦西黑洞带电的推广，它不具有角动量，也就是不旋转。但它是带电的，于是就出现了和史瓦西黑洞不同的结构。史瓦西黑洞只有一个无限红移面和一个视界，但R-N黑洞有两个视界（内视界和外视界）。由于不转动所以它们都是球对称的，都有一个奇点。一般R-N黑洞的内外视界保持着一定距离，如果R-N黑洞带电过多，它的内视界就会变大。当电荷数大到一定程度时内外视界就会重合变成极端R-N黑洞，最终使奇点暴露出来，而彭罗斯的宇宙监督假设是不允许这一现象发生的。

🪐 双星黑洞

恒星有它最终的归宿：质量比较小的恒星到了晚年会变成白矮星；质量比较大的恒星会形成中子星；质量更大的恒星晚年就会变成黑洞。所以，白矮星、中子星和黑洞是恒星晚年的三种结果。现在，白矮星已经找到了，中子星也找到了，对于黑洞，虽然难以发现，但仍可以通过科学方法找到它们。因为黑洞吸掉了靠近它的所有物质，要找到它们实在是太困难了，特别是那些单个黑洞，简直像是穿了隐身衣，但双星黑洞是很容易被发现的。双星就是两颗互相绕着转的恒星，虽然我们看不见黑洞，但却能从那颗看得见的恒星的运动路线分析出来。

这是什么道理呢？因为，双星中的每一个星体

▲ 如果单个恒星运行轨迹是椭圆形，就说明它有个黑洞同伴

都是沿着椭圆形路线运动的，而单颗恒星不是这样运动的。如果我们看到天空中有颗恒星在沿椭圆形路线运动，却看不到它的"同伴"，就应仔细研究一下了。我们可以把那颗星走的椭圆轨迹的大小和走完一圈用的时间都测量出来，有了这些，就可以算出来那个看不见的"同伴"的质量有多大。如果算出来质量很大，超过中子星所拥有的最大质量，那就可以进一步证明它是黑洞了。

在天鹅星座有一对双星——天鹅座X-1。这对双星中，一颗是看得见的亮星，另一颗却看不见，根据那颗亮星的运动轨迹可以算出来它的"同伴"的质量至少有太阳质量的5倍。这么大的质量是任何中子星都不可能有的。当然，不仅仅是这个证据，还有其他一些证据来证明这不是一颗中子星。所以，基本上可以肯定天鹅座X-1中那个看不见的天体就是一个黑洞，这是人类找到的第一个黑洞。科学家还发现有几对双星的特征也跟天鹅座X-1很相似，它们里面也可能有黑洞。

超大质量黑洞

有一种质量超大的特殊的黑洞，其质量是太阳质量的10～10万倍。现在科学界相信，在所有的星系的中心，包括银河系在内，都会有超大质量黑洞。超大质量黑洞与其他相对较低质量的黑洞比较是有一些区别的：超大质量黑洞的平均密度可能很低，甚至比空气的密度还要低。这是因为史瓦西半径是与其质量成正比，而密度则是与体积成反比。由于球体（如非旋转黑洞的视界）的体积是与半径的立方成正比，而质量差不多以直线增长，体积的增长率则会更大。所以，密度会随黑洞半径的增长而减少，在视界附近的潮汐力会明显的较弱。由于中央引力奇点距离视界很远，若假想一个太空人向

▲ 太空中爆炸的超新星星云

黑洞的中央移动时，他不会感受到明显的潮汐力，直至他到达黑洞的深处。

形成超大黑洞的机制最明显的是以缓慢的吸积来形成；另一个可能就是涉及气云萎缩成数十万太阳质量以上的相对论星体，该星体会因其核心产生正负电子对所造成的径向扰动而出现不稳定状态，并会直接在没有形成超新星的情况下萎缩成黑洞；第三种形式涉及了正在核坍缩的高密度星团，它的负热容会促使核心的分散速度成为相对论速度（无限接近光速）。最后是在大爆炸的瞬间从外压制造成初始黑洞。

形成这种超大质量黑洞要具备一定的条件，形成超大质量黑洞的问题在于如何将足够多的物质加入足够细小的体积内，要出现这种情况，差不多要将物质内所有的角动量移走。向外移走角动量的过程就是限制黑洞膨胀的因素，就会形成吸积盘。根据观测，一些从恒星坍缩的黑洞，最多约相当于10个太阳的质量，最小的超大质量黑洞约相当于数十万个太阳的质量，可处在他们之间质量的黑洞却没有被发现。不过，有模型显示异常明亮的X射线源有可能是在这个范围内的黑洞。

黑洞的一般解

天体物理学家纽曼等人把克尔解推广到带电情况，得到了一般黑洞解。一般黑洞与克尔黑洞结构相似，主要性质和一些主要现象都非常类似。黑洞物理学家米斯纳从彭罗斯过程中得到启发，认为彭罗斯过程没有设定物体的大小。若物体是个基本粒子，就与激光的超辐射原理非常相似，这是受激辐射。爱因斯坦研究原子发光时提出过存在受激辐射的同时一定存在自发辐射，因此米斯纳提出黑洞存在自发辐射。后来研究表明，黑洞的确可以通过量子隧道效应辐射粒子，这部分粒子将带走黑洞的能量、角动量和电荷。最终克尔黑洞、R-N黑洞

▼ 黑洞附近的引力场非常强，造成了它周围时空的凹陷现象

和一般黑洞退化为史瓦西黑洞。史瓦西黑洞似乎仍是一颗只进不出的僵死的星，仍是恒星的最终归宿。然而霍金发现了一切黑洞（包括史瓦西黑洞）的共同性质，这说明史瓦西黑洞仍是不断演化的。

麻省理工学院卡夫利天体物理与太空研究所的杰瑞·霍曼和密歇根大学、荷兰阿姆斯特丹大学的科学家们在2005年观测到代号为GROJ1655－40的旋转黑洞附近的时空受到黑洞影响发生的凹陷现象，他们利用NASA的罗西X射线定时探测器对该黑洞进行了总时间达到550小时的观测，并与1996年的观测数据进行了比较，发现这两次X射线谱完全一样，黑洞附近区域引力场很强，能够发射出一定频率的辐射。

相隔9年的两次观测结果一致，说明在现象背后有一个基本理论在起作用，这就是爱因斯坦预言的且非常罕见的时空弯曲。他们在华盛顿召开的美国天文学会年会上宣布了这项研究结果。科研小组成员米勒说：对黑洞质量和旋转的测量很困难，但是幸运的是我们已经对黑洞的质量有了一个估计，通过物质接近黑洞边缘的运动行为，我们也能得到黑洞的旋转速度。所以，这是人类首次能够完整地描述一个黑洞的性质。

黑洞候选星

既然黑洞具有吸积、蒸发与毁灭的过程，那一定要有一个可以通过这些机制形成黑洞的母星，下面就看看宇宙中有哪些星体可能有这种可怕的命运，最终变成一个"黑暗"的无底洞。

银河系超重黑洞候选天体——人马座A*

人马座A*（Sgr　A*）是位于银河系银心一个非常亮且致密的无线电波源，大约每11分钟旋转一圈。人马座A*很有可能是离我们最近的超重黑洞的所在，因此也被认为是研究黑洞物理性质的最佳目标。据观测发现，有一星体S2绕人马座A*做椭圆运动，其轨道半长轴为9.50～102天文单位（地球公转轨道的半径为1个天文单位），人马座A*就处在该椭圆的一个焦点上，观测得到S2星的运行周期为15.2年。正是因为这种聚焦，银河系中心的神秘天体人马座A*，也从距离地球2.6万光年的地方落入公众的视野。

2008年12月，天文学家们通过观测的数据确认了银河系中央的黑洞"人

▲ 人马座星云

马座A*"的质量与太阳质量的倍数关系，人马座A*的质量估计为（431 ± 38）万或（410 ± 60）万太阳质量，并设这些质量被限制在4400万千米直径的球体内。

美国国家航空航天局费米γ射线太空望远镜最新观测结果显示，人马座A*星系依偎在一对巨大射电瓣状气体烟雾区中，每个羽状烟雾区长度近100万光年，这些气体是由星系中超大质量黑洞喷射的。美国费米研究小组成员特迪·切昂格说：目前我们在γ射线范围内观测到之前未曾看到的景象，我们不仅看到了延伸的羽状射电瓣状结构，并且发现该区域γ射线输出量是其射电输出量的10倍之多，我们可以将它称为"γ射线星系"。

人马座A*星系是迄今为止人类探测到的首个具有宇宙射电来源的星系，法国太空放射线研究中心的朱尔艮·克诺德尔塞迪说：射电星系应当是存在着巨大的双瓣射电气体喷射结构围绕在椭圆星系，而人马座A*星系就是一个典型的教科书实例！

🪐 人类发现的第一个黑洞候选天体——天鹅座X-1

天鹅座X-1（CygX-1），是一个位于天鹅座方向的X射线源，是人类发现的第一个黑洞候选天体。天鹅座X-1是一颗高质量X射线双星，其主星是一颗超巨星，伴星名为HDE226868，是一颗8.9等的变星，直径大约2 500万千米。天鹅座X-1这个双星系统，由一光谱型O9-BO的超巨星及一颗致密星组成。超巨星的质量约为20～40倍太阳质量，致密星则具有太阳的8.7倍质量。由于中子星的最大质量不超过3倍太阳质量，因此该致密星普遍被认为是黑洞。X射线由双星系统内的吸积盘产生，在吸积盘内发生康普顿散射，再被反射向外。

天鹅座X-1是天空中持续最久的强力X射线源，距离地球约6 000光年。通过对X射线源的观测，天文学家能研究涉及几百万度炽热气体的天文现象。但由于X射线被地球的大气层遮挡了，因此对X射线源的观测不能在地表进行，而需要将仪器运送到X射线能穿透的高度。

1963年，里卡尔多·贾科尼和赫伯特·格斯基提出了首个研究X射线源的轨道卫星计划。于是1964年，两个空蜂弹道火箭（Aerobee）运载着盖革计数器升空。这项观测发现了8个新的X射线源，包括天鹅座。该X射线源处并没有明显的无线电或可见光源。美国国家航空航天局于1970年12月12日发射了乌呼鲁卫星（人类历史上第一颗X射线天文卫星），进而发现了300个新X射线源。它通过对天鹅座X-1的长期观测发现，其X光强度有波动，频率为每秒数次。如此快速的变动显示，能量一定是在大小约为10千米范围内产生，因为光速的限制使信息不可能在更远的范围里相互传递。

1971年4月至5月，莱登天文台的吕克·布瑞斯和乔治·麦利与美国国家射电天文台的罗伯特和坎贝尔·瓦德独立探测到来自天鹅座X-1的无线电射线，射线源的准确位置指向AGK2+351910=HDE226868，天球上，这颗星与视星等为4级的天鹅座η相距半度。这是一颗超巨星，其本身并不能发射所观测到的X射线。因此，此星必定有一颗能够将气体加热到几百万度的伴星，才可产生在天鹅座X-1观测到的辐射。随着更多的观测数据，天文学界普遍认为天鹅座X-1最大可能就是一个黑洞。

康普顿散射

▲康普顿散射现象

1923年，美国物理学家康普顿在研究x射线通过实物物质发生散射的实验时，发现了一个新的现象，即散射光中除了有原波长λ_0的x光外，还产生了波长$\lambda > \lambda_0$的x光，其波长的增量随散射角的不同而变化，这种现象称为康普顿效应。他用经典电磁理论来解释这一现象时遇到了困难，康普顿借助于爱因斯坦的光子理论，从光子与电子碰撞的角度对这一实验现象进行了圆满的解释。

SN1979C

1979年4月，美国业余天文爱好者古斯·约翰逊发现了SN1979C（SN代表超新星），它由一颗20倍太阳体积的恒星坍缩而成。SN1979C是当时人们直接从地面观测到的银河系外第三颗超新星。SN1979C距离我们5 000万光年，但这个距离对于浩瀚的宇宙而言并不算遥远，SN1979C可以算得上地球的近邻。

当时，科学家已经在遥远的宇宙发现了许多黑洞，它们都是以γ射线暴（GRB）的形式被探测到。SN1979C有所不同，它更近，同时与γ射线暴不一样。科学家通过计算得出结论，认为大多黑洞是从恒星核心坍缩时形成，且没有γ射线暴产生。马萨诸塞州剑桥市哈佛－史密斯天体物理中心的勒布认为：这可能是第一次观测到黑洞以普通的方

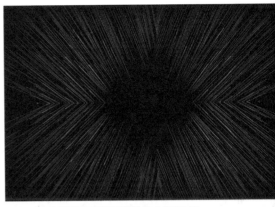

▲ γ 射线暴是探测到黑洞的主要途径

式形成。这类黑洞的诞生被观测到实在太难得了，因为X射线观察需要数十年。另外，黑洞的可观察年龄只要30年，SN1979C也与这一最新理论相符。

2005年，有理论认为这颗超新星发出的明亮光是由黑洞喷射出的，黑洞无法穿过氢气层形成γ射线暴，对SN1979C的观察结果与理论相吻合。

2010年，天文学家利用钱德拉X线望远镜发现一个年轻的黑洞，这个黑洞只有31岁，科学家认为它是SN1979C的残余，这也给科学家提供了一个观察黑洞从婴儿期如何向前发展变化的机会。

🪐 暗能量星

对于揭示宇宙奥秘的黑洞，人们从未停止探索的步伐。2005年，美国物理学家乔治·查普林又提出了

暗能量星理论，他认为黑洞并不存在，而目前发现类似黑洞的现象是暗能量星发出的。现在被大家认可的是黑洞由巨大质量的天体坍缩而成的，而黑洞的中心有一个奇异点，任何东西到黑洞里都会撞到奇异点，然后完全毁灭，任何相关的信息都会消失，但是量子力学不容许信息的凭空消失。

广义相对论中提道：当一个东西到黑洞的视界时，相对它的时间就会停止。也就是说，对一个旁观者来说，任何掉进黑洞的物体都会停在黑洞的视界，而量子力学也不容许时间的停止。在解决这两个物理佯谬时，科学家受到与此问题不相关的另一类物理现象的启发，那就是超导晶体越过量子临界点时出现了一些怪异的行为，像是它们的电子自旋逐渐趋于缓慢，就像是时间停止一样，这跟物体到了黑洞的事件视界一样，而且没有违反量子力学。赞同查普林理论的科学家认为，当巨大质量的恒星坍塌时会形成类似黑洞事件视界的临界层，而它的大小就决定于星体的质量，而星体的质量就会变成巨大的真空能量（这就是暗能量星的名字由来）。查普林相信，在临界层的夸克会衰变成正电子和γ射线，这也可以解释星系中心强大的正电子和γ射线源（一般认为星系中心有巨大的黑洞）。

▲ 有科学家认为人们所说的黑洞是一种暗能量星

🪐 Ⅱ型超新星

Ⅱ型超新星是大质量恒星引力坍缩的结果。尽管相关的理论研究已经长达30余年，以及对超新星SN1987A的观测得到相当珍贵的资料，在超新星引力坍缩的理论研究中仍有很多部分和细节完全没有弄清楚，它们坍缩的细节有可能彼此之间存在很大差异。一般认为质量在9倍太阳质量以上的大质量恒星在核聚变反应的最后阶段会产生铁元素的内核，其内核的坍缩速度可以达到每秒7 000千米，这个过程会导致恒星的温度和密度发生急剧增长。内核的这一能量损失过程终止于向外简并压力与向内引力的彼此平衡。在光致蜕变（极端高能量的γ射线和原子核的交互作用，并且使原子核进入受激态，立刻衰变成为两或更多个子核的物理过程）的作用下，γ射线将铁原子分解为氦原子核并释放中子，同时吸收能量，而质子和电子则通过电子俘获过程（不可逆β衰变）合并，产生中子和逃逸的中微子。在一颗典型的Ⅱ型超新星中，新生成的中子核的初始温度可达1 000亿开（尔文），这是太阳核心温度的6 000倍。

如此高的热量大部分都需要被释放以形成

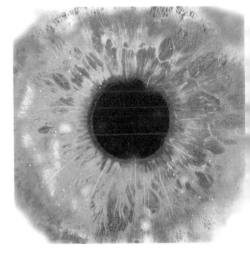

▲ 电脑模拟Ⅱ型超新星
坍缩为黑洞的效果图

一颗稳定的中子星，而这一过程能够通过进一步的中微子释放来完成。这些"热"中微子构成了涵盖所有味的中微子—反中微子对，并且在数量上是通过电子俘获形成的中微子的好几倍。大约1 046焦的引力能量——约占星体剩余质量的10%——会转化成持续时间约10秒的中微子暴，这是这个事件的主要产物。中微子暴会带走内核的能量并加速坍缩过程，而某些中微子则还有可能被恒星的外层物质吸收，为其后的超新星爆发提供能量。内核最终会坍缩为一个直径约为30千米的球体，而它的密度则与一个原子核的密度相当，其后坍缩会因核子间的强相互作用以及中子简并压力突然终止。这种向内坍缩的物质的运动突然停止，物质就会发生一定程度的反弹，由此会激发出向外传播的激波。

计算机模拟的结果指出，这种向外扩散的激波并不是导致超新星爆发的直接原因。实际上在内核的外层区域由于重元素的解体导致的能量消耗，激波存在的时间只有毫秒量级。这就应存在一种不为人知的过程，能够使内核的外层区域重新获得大约1 044焦的能量，从而形成可见的爆发。当原始恒星的质量低于大约20倍太阳质量（取决于爆炸的强度以及爆炸后回落的物质总量），坍缩后的剩余产物是一颗中子星；对于高于这个质量的恒星，剩余质量由于超过奥本海默—沃尔科夫极限（中子星的质量上限）会继续坍缩（这种坍缩被认为是γ射线暴的产生原因之一，并且伴随着大量γ射线的放出在理论上也有可能产生再一次的超新星爆发）为一个黑洞，理论上出现这种情形的上限大约为40～50倍太阳的质量。对于超过50倍太阳质量的恒星，一般认为它们会跳过超新星爆发的过程而直接坍缩为黑洞。据最新的观测显示，质量极高的恒星（约为150倍太阳质量）在形成Ⅱ型超新星时很可能不需要铁核的存在，而其爆发可能具有另一种完全不同的理论机制。

物理学中的"味"是什么意思

在粒子物理学中，味指一种基本粒子的种类。在标准模型中，有六味夸克和六味轻子，它们通常用味量子数来表示。实际上所有亚原子粒子都具有味量子数，比如强子的味量子数取决于组成该强子的夸克对应的味量子数。夸克的味具有自由度，这种味自由度叫夸克的色。各种相互作用的性质表明：弱相互作用、电磁相互作用与夸克的味自由度有关，并且只有在弱相互作用过程中，夸克的味才有可能改变；强相互作用与味自由度无关。这里的"色"并不是视觉感受到的颜色，而是一种新引入的量子数的代名词，与电子带电荷相类似，夸克带色荷。

M87（NGC 4486）

2019年4月10日21时，事件视界望远镜组织在美国华盛顿、比利时布鲁塞尔、智利圣地亚哥、中国上海和台北、日本东京等世界六地同步发布了黑洞第一张照片。该黑洞位于室女座一个巨椭圆星系M87的中心，距离地球5 500万光年，质量约为太阳的65亿倍。它的核心区域存在一个阴影，周围环绕一个新月状光环。爱因斯坦广义相对论被证明在极端条件下仍然成立。

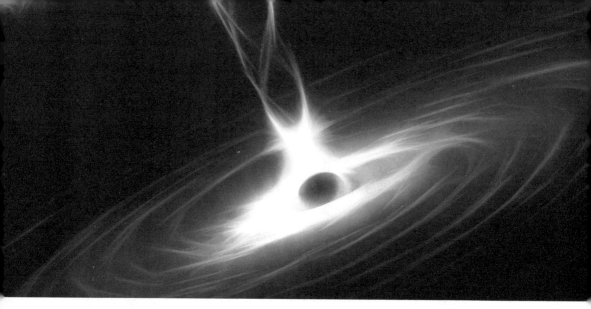

 ▲ M87 最著名的就是它的喷流现象

在详细介绍这张伟大照片如何拍摄成功之前，我们还是先了解一下M87星系。最先发现它的是天文学家梅西耶，所以它也被称为梅西耶天体。

知识拓展36 ··

梅西耶天体

梅西耶天体指由18世纪法国天文学家梅西耶和好友梅襄所编的《梅西耶星表》中列出的110个天体，两人的名字皆以M打头，故而星表编号的首字母是M。

梅西耶是个彗星搜索者，他记录这些天体是为了把天上形似彗星而不是彗星的天体记下来，以便寻找真正的彗星时不会被这些天体干扰。他在1774年发表的《梅西耶星表》记录了45个天体，编号由M1到

M45，到1780年增加至M70。到《梅西耶星表》最终版本，共收集了103个天体。现在我们知道的梅西耶天体有110个，M104至M110是后人把由梅西耶的朋友梅襄发现而未被编入《梅西耶星表》的天体一并收入。

后来人们发现，M40是大熊座中的一对无关系的光学双星，M73（NGC6994）是一组四合星，也是一个彼此间并无物理关联的小星群，而M102据说于1781年被梅襄"发现"的，1783年他又否认。他在给柏林的伯努利的通信中说那是M101的观测结果的重复记录，所以实际上梅西耶等人观测到的深空天体为107个。

M87最为著名的是它的中心喷流，这个喷流是利克天文台天文学家希伯·柯蒂斯在1918年发现的，当时他描述这个喷流为"古怪的直线光束"。一直到1999年，人们才从哈勃太空望远镜拍摄的图片中计算出M87喷流的运动速度是光速的4～6倍，人们认为这种超光速只是相对论于速度造成的视觉效果，而不是真正地超越了光速。当时人们计算这道喷流由M87的核心向外延伸至少5 000光年，是源自星系的物质喷流，非常像是黑洞造成的巨大离子喷射（事实上非常像发现围绕着M87核心快速旋转的气体盘），M87的中央区域集中了约近13亿颗恒星，这让科学家认为那里可能有一个巨大的黑洞并估计黑洞质量大约是30亿个太阳质量。后来美国天文物理学家盖哈特与德国研

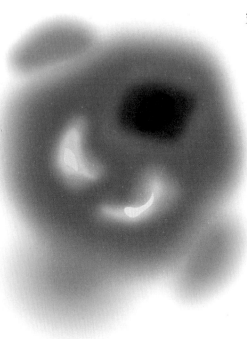

▲人类第一张黑洞照片

究伙伴托马斯发现，这个黑洞的质量是太阳的64亿倍，从核心处喷出的高速电子和粒子就是黑洞作用的产物。

2019年4月10日晚发布的这张令全世界天文爱好者激动的照片由事件视界望远镜组织动用了位于世界各地的8个独立射电望远镜拍摄成功的。从2016起这些望远镜组成了前所未有的大型望远镜阵列，其中包括亚毫米波望远镜（SMT）、IRAM 30 米望远镜、APEX 望远镜、James Clerk Maxwell 望远镜（JCMT）、大毫米波望远镜（LMT）、次毫米波阵列望远镜（Submillimeter Array，SMA）、阿塔卡马大型毫米波/亚毫米波阵列（Atacama Large Millimeter/submillimeter Array，ALMA）以及南极望远镜（SPT）。这个望远镜阵列于2017 年4 月首次全面运行，并且在那一次的运行中就取得了全部的黑洞数据。从那时起，8 台射电望远镜对准目标黑洞，总共观测了约5 夜，产生了4PB 的数据，然后科学家将望远镜提供的散乱而充满干扰的数据，生成最终的图片。

这张照片的中心区域是不太发光的阴影，另一部分是围绕这个阴影的发亮的圆环，圆环发的光就是从吸积盘上发出的。阴影部分的观测特征与预测的自旋黑洞产生的阴影一致，它的南北不对称是由黑洞自旋决定的，而这个特点也确定了黑洞的自旋方向：通过喷流与视线的夹角，黑洞顺时针在做远离地球的自旋运动，并确定这个黑洞的质量是太阳的65亿倍。就像探测到引力波信号证明爱因斯坦是正确的一样，黑洞再次证明了爱因斯坦的伟大。

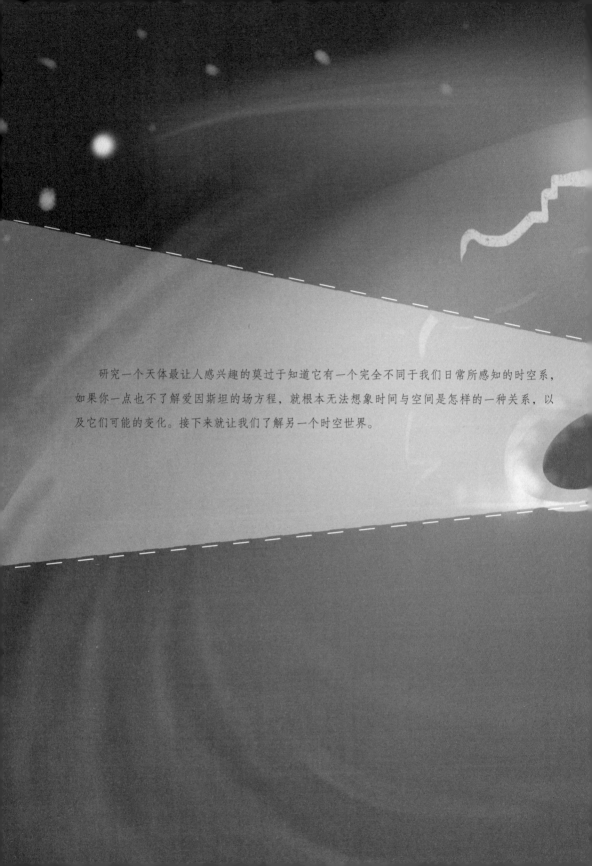

研究一个天体最让人感兴趣的莫过于知道它有一个完全不同于我们日常所感知的时空系，如果你一点也不了解爱因斯坦的场方程，就根本无法想象时间与空间是怎样的一种关系，以及它们可能的变化。接下来就让我们了解另一个时空世界。

黑洞的时空

爱因斯坦的时空理论

伟大的思想理论一定是逻辑自洽的，它提出论点，一定有自己的方法去证明这一论点是有理有据并经得起各种科学方法检验的。对于宇宙的认识，爱因斯坦提出了自己的观点，并用数学语言给出解释。事实上，今天的一切天体物理学理论都是在他的广义相对论的基础上展开的。

爱因斯坦方程

我们在第一章已知道爱因斯坦的相对论理论是到目前为止最完美解释宇宙的理论。想要理解本书的主角——黑洞，就一定要了解一下爱因斯坦的场

▼ 爱因斯坦用引力解释宇宙天体关系

方程。即便对一般读者来说这可能是难了一点，但这是用一个最根本的逻辑公式来解释宇宙中最神奇现象的理论。简单了解一下这个方程，就会感受到科学理论用逻辑语言达到的一种无懈可击的魅力。

从1907年爱因斯坦提出等效原理开始，到1912年前后，发展出"宇宙中一切物质的运动都可以用曲率来描述，引力场实际上是弯曲时空的表现"的思想，爱因斯坦历经漫长的试误过程，于1916年写下了引力场方程而完成广义相对论。这条方程被称作爱因斯坦引力场方程或简称为爱因斯坦方程：

$$G_{\mu v} = R_{\mu v} - 1/2Rg_{\mu v} = 8\,\pi/c^4 \times T_{\mu v} \qquad R_{\mu v} - 1/2Rg_{\mu v} + \Lambda\,g_{\mu v} = KT_{\mu v}$$

其中，

$G_{\mu v}$——爱因斯坦张量；

Λ——宇宙常数；

$\Lambda\,g_{\mu v}$——宇宙项；

K——余数；

R——度规的系数；

$R_{\mu v}$——从黎曼张量缩并而成的里奇张量，代表曲率项；

$g_{\mu v}$——从（3+1）维时空的度量张量；

$T_{\mu v}$——能量—动量应力张量；

G——引力常数；

c——真空中的光速。

该方程是一个以时空为自变量、以度规为因变量的带有椭圆形约束的二阶双曲型偏微分方程。

考虑能量—动量张量T_{uv}的解比较复杂，最简单的就是让T_{uv}等于0，对于真空静止球对称外部的情况，则有史瓦西解。

如果把宇宙项移到式右边，Λ项为负值，起到了斥力的作用，即宇宙真空场与普通物质场之间存在着斥力。宇宙项和通常物质场的引力作用起到了平衡的作用，所以可得到稳定的宇宙解。宇宙常数等同于非零真空能量，在广义相对论中常交替使用。这个场方程公式因为研究对象所处环境可有宇宙常数为零与不为零之分，因为本书不是一本物理教学书，只是让读者对其有一个大致的了解，如果读者有这方面的爱好可另外找专业书籍进行阅览。

正是因为这个伟大的公式，宇宙中的一些观测到的现象才有了很好的解释，可以说爱因斯坦为人类揭开宇宙神秘的面纱做出了巨大贡献。

爱因斯坦对自己的理论有一段著名的话："我想知道上帝是如何创造这个世界的。对这个或那个现象、这个或那个元素的谱我并不感兴趣。我想知道的是他的思想，其他的都只是细节问题。"这是不是对我们思考问题的方式有些启发？

引力与时空弯曲

爱因斯坦在狭义相对论中解释了引力作用和加速度作用没有差别的原因，他用公式给出了完美解答。对于方程应呈现的简洁之美爱因斯坦近于苛刻，有一个曾经跟爱因斯坦共事过的物理学家这样回忆：我记得最清楚的是，当我提出一个自认为有道理的设想时，爱因斯坦并不与我争辩，而只是说："啊，它是多么的丑！"

所以我们可以想见爱因斯坦给出的方程将是多么简洁、漂亮，在相对论中，动量定义仍为质量与速度的乘积，但质量是速率的函数，于是动量有：

$$p = m(v)v = \frac{m_0 v}{\sqrt{1 - \frac{v^2}{c^2}}}$$

同时，在相对论中力被定义为动量的时间变化率，即：

$$F = \frac{dp}{dt} = \frac{d}{dt}\left(\frac{m_0 v}{\sqrt{1-\frac{v^2}{c^2}}}\right)$$

由于质量是速率的函数，所以F=ma在这里不再适用。

他的理论还解释了引力是如何和时空弯曲联系起来的，利用数学语言，爱因斯坦指出超大质量物体会使其周围空间、时间弯曲，在物体具有很大的相对质量（如一颗恒星）时，这种弯曲可使从它旁边经过的任何其他事物——即使是光线也改变路径。广义相对论指出，弯曲时空将产生引力。当光线经过一些大质量的天体时，它的路线是弯曲的，这源于它沿着大质量物体所形成的时空曲率。因为黑洞具有极大的质量，这就造成它周围的时空非常弯曲，即使是光线也无法逃逸。

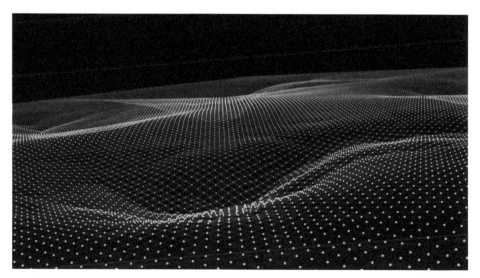

▲ 弯曲的时空

霍金辐射

霍金推想，如果在黑洞外产生虚粒子对，就会有一个被吸引进去而另一个逃逸的情况。如果是这样，那个逃逸的粒子就获得了能量，也不需要跟其相反的粒子湮灭，可以逃逸到无限远，在外界看就像黑洞发射粒子一样。这个猜想后来被证实，这种辐射被命名为霍金辐射。

理论的产生

1975年，霍金发表了一个令人震惊的结论：如果引入量子理论，黑洞好像不是十分黑！相反，它们会轻微地发出"霍金"之光（霍金辐射包括光子、中子和少量的各种有质量的粒子）。但这种"辐射"从未被实际观测到过。因为我们有证据认为黑洞天体都被大量正坠入其中的热气团所包围，这些热气的辐射会完全淹没这种微弱的（辐射）效应。如果一个黑洞的质量是一个M（一个太阳质量，常作为度量天体质量的单位），霍金预言它将只能发出$6 \times 10-8K$的"体温"，所以只有小黑洞的辐射才会比较显著。特别是这

种效应在理论上是很有趣的，致力于此的学者们已经
花费了大量的精力去理解量子理论如何与引力结
合在一起，最终得出了一个十分戏剧性的结
果，一个孤立的、不吸收任何物质的黑洞
会慢慢辐射物质，开始很慢，但越来越
快，最后，在其灭亡的一瞬间释放出耀
眼的光芒。

▲ 霍金认为黑洞会辐射物质

理论基础

　　根据海森堡不确定性原理，宇宙中的能量于短
暂时间内在固定的总数值上下起伏，起伏越大则时间
越短，在这种能量起伏中产生的粒子就是虚粒子。特
别说明的是，虚粒子不是为了研究问题方便而人为地
引入的概念，而是一种客观存在。这就说明虚粒子会
在黑洞视界边缘不断产生。通常，它们以粒子—反粒
子对的形式形成并迅速彼此湮灭。但在黑洞视界附
近，有可能在湮灭发生前其中一个就掉入了黑洞，这
样另一个就以霍金辐射的形式逃逸出来。由于它是向
外带去能量，所以它是吸收了一部分黑洞的能量，黑
洞的质量也会渐渐变小直至消失，同时它也向外带去
信息，所以不违反信息定律。

　　事实上，这种论证并不能清晰地显示出与实际
计算相符的结果，人们没有求出这种在视界边上发

生的霍金辐射问题的解。可这种启发式的提问会让结果变得明确起来，但在计算中要用到玻戈留波夫（Bogoliubov）变换。可以这样理解：当你量子化电磁场的时候，你必须采用经典物理方程（麦克斯韦方程）并将其视为正频和负频两部分的线性相加。通俗地讲，就是一个给出粒子，另一个给出反粒子，这等于是有了两种关于真空状态的观点。这里只要采用根本不同的坐标系，时间的观念就会完全不同，也就有了完全不同的能量观。

海森堡不确定性原理

海森堡学说所得出的成果之一是著名的"不确定性原理"。它的理论说明是：一个微观粒子的某些物理量（如位置和动量、方位角与动量矩时间和能量等），不可能同时具有确定的数值，其中一个量越确定，另一个量的不确定程度就越大。这条原理由海森堡于1927年提出，被认为是科学中所有道理最深奥、意义最深远的原理之一。不确定性原理所起的作用就在于它说明了我们的科学度量的能力在理论上存在的某些局限性。如果一个科学家用物理学基本定律甚至在最理想的情况下也不能获得有关他正在研究的体系的准确知识，那么就显然表明该体系的未来行为是不能完全预测出来的。根据不确定性原理，不管对测量仪器做出何种改进都不可能会使我们克服这个困难！

作为相对论一种特殊情况的闵可夫斯基平坦时空中有一个按洛伦兹变形区分的"惯性框架",它们给出了不同的时间坐标系,于是麦克斯韦方程解出现了正负频的区别,可人们并不因此对真空状态最低能量产生歧义。这也使得所有惯性系中的观察者对于什么是粒子、什么是反粒子和什么是真空的意见是一致的。但在弯曲的时空中即使是十分合理选择的不同坐标系也会在粒子和反粒子及确定真空产生不一致,幸运的是,有一个可以在不同坐标系间进行"翻译"的公式——玻戈留波夫变换。通过这种方式,无论是在远离黑洞的地方或想描述黑洞未形成前的过去,人们都可以进行很好的描述。

玻戈留波夫变换

$$T_H = \frac{hc^3}{8\pi GM k_B}$$

其中,

h ——约化普朗克常量;

k_B——波尔兹曼常数;

G——牛顿引力常数;

c ——光速;

T_H——黑洞温度。

🌐 实际观察结果

据物理学家网2010报道,意大利米兰大学的科学家弗朗哥·贝乔诺及其同事组成的团队宣称,他们在实验室中创制的"某类现象"应该就是科学界一直未曾观测到的"霍金辐射"。贝乔诺及同事为了得到"霍金辐射",在实验装置中向透明的石英玻璃样本发射了超短(1ps,皮秒)激光脉冲,产生的折射率分布展现出一个"视界线"(天文学中黑洞的边界)。之后,由成像镜头以90°收集其辐射光子，然后再发送到分光仪以及电荷耦合摄像机中。这一方式可抑制或消除其他类型的辐射，如契伦科夫辐射、四波混频、自相位调制、荧光等。最终，观察到的光子辐射迹象让他们相信，这是一个由模拟"视界线"催生的"霍金辐射"。

通俗点解释就是，当用激光照射原子时，原子磁场半径扩大形成视界线，在这个视界线内的光子受到原子磁场作用，全部以磁场状态存在，而光的传播需要光子的偏振，在视界线内的光子不能进行偏振传递。但是，也可以把这个视界线看成一个原子，即激光照射使原子电子云膨胀，原子依然通过视界线向外辐射光。

契伦科夫辐射

契伦科夫辐射是介质中运动的物体速度超过光在该介质中速度时发出的一种以短波为主的电磁辐射，其特征是蓝色辉光。这种辐射是1934年俄罗斯物理学家帕维尔·阿列克谢耶维奇·契伦科夫发现的，因此以他的名字命名。根据狭义相对论，具有静质量的物体运动速度不可能超过真空中的光速 c，而光在介质中的传播速度是小于 c 的，例如在水中光仅以0.75c的速度在传播。物体可以被加速到超过介电质中的光速，加速的来源可以是核反应或者是粒子加速器。当超过介电质中光速的粒子是带电的（通常是电子）并通过这样的介质时，契伦科夫辐射即会产生。从宇宙空间中进入地球大气层的某些高能粒子，运动速度接近光速，可以发出契连科夫辐射。

1937年，另两名俄罗斯物理学家伊利亚·弗兰克和伊戈尔·塔姆成功地解释了契伦科夫辐射的成因，三人因此共同获得1958年的诺贝尔物理学奖。针对契伦科夫辐射设计出的契伦科夫探测器可以检测契伦科夫辐射的强度和方位，进一步探测到高能粒子。

霍金辐射是理论物理学的一个重要发现，它的出现是广义相对论、量子力学和热力学有机结合的产物。

▲ 人类在实验室制造的霍金辐射

闵可夫斯基空间

狭义相对论中由一个时间维和三个空间维组成的时空，这一概念是俄裔德国数学家闵可夫斯基最先表述的。他的平坦空间（没有重力且曲率为零的空间）概念以及表示为特殊距离量的几何学是与狭义相对论的要求相一致的。闵可夫斯基的平坦空间与牛顿的平坦空间是不同的。

看不见的维度

对于三维空间我们是能理解的，而且我们每天就这样眼观耳闻，可宇宙空间中的一些天体具有不同的性质，也有可能我们就生活在一个多维度的宇宙中。只是固有的生存模式让我们无法完全理解，而科学的伟大之处就在于可能通过理论与实验让我们认识那看不见的维度。

弯曲时空几何

三维空间里的欧几里得几何允许我们讲一维的曲线和二维的曲面。圆是一个一维几何图形（只有长度，没有宽度和深度），其半径越短则弯曲程度越大。反之，如果半径增至无限长，圆就变成了直线，失去了弯曲性。同样地，一个球面随其半径的无限增长也会变成一个平面（若不计地面的粗糙，则在局域尺度上看地球表面是平的）。弯曲是有精确的几何定义的，但当维数增加时，定义变得复杂多了，弯曲程度不能再像圆的情况那样用一个数来描述，而必须讲"曲率"。尽管曲率有多重性，仍然可以定义出一个固有曲

▲ 宇宙中某个地方的
空间一时间曲率

率。在二维面上的每一个点都可以量出两个相互垂直方向上的弯曲半径，二者乘积的倒数就是曲面的固有曲率。如果两个弯曲半径是在曲面的同一侧，固有曲率就是正的，如果是在两侧，那就是负的。圆柱面的固有曲率为零，事实上它可以被切开平摊在桌面上而不会被扯破，而对一个球面就不可能这样做。球面、圆柱面及其他任意二维曲面都"包含"在三维欧几里得空间里。

这种来自现实生活的具体形象使我们觉得可以区分"内部"和"外部"，并且常说是一个面在空间里弯曲。但是，在纯粹的几何学里，一个二维曲面的性质不需要关于包含空间的任何观念就可完全确定，更高维的情况也是如此。我们可以描绘四维宇宙的弯曲几何，不必离开这个宇宙，也不需要参照什么假想的更大空间，这时我们只需使用非欧几何就可以了。

非欧几何是用来解释弯曲空间的数学理论的，主要由本波恩哈德·黎曼提出的。即使是最简单的情况，弯曲几何的特性也是欧几里得几何不能解释的。再次考虑一个球面，这是一个二维空间，曲率为正值且均匀（各点都一样）。连接球面上两个分离点的最短路线是一个大圆的一段弧，即以球心为中心画在球面上的一个圆的一部分，大圆之于球面正如直线之于平面，二者都是测地线，就是最短长

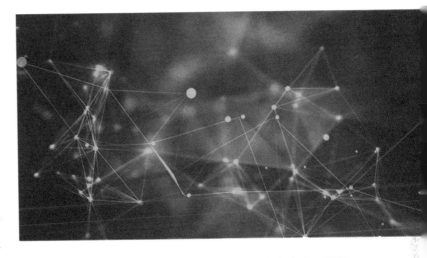

度的曲线。由于所有大圆都是同心的，其中任何两个都相交于两点（如子午线相交于两极），换句话说，在球面上没有平行的"直线"。球面最明显的几何性质是与平面上直线的无限延伸不同，如果谁沿着球面上的直线（沿着大圆）运动，他将总是从相反方向上回到出发点。

因此，球面是有限的，或者说封闭的，尽管它没有终极没有边界。球面具有任何维数的有限空间的理想原型。负曲率空间的情况最典型的例子是双曲面，形如马鞍。如果也沿着这个面上的一条直线运动，一般说来不会再返回出发点，而是无限远离。跟平面一样，双曲面也是开放面，但仅此而已，作为一个曲面，双曲面根本无法再用欧几里得几何解释。大多数曲面并不像球面或双曲面那样具有处处都为正或为负的曲率，而是曲率值逐点变化，正负号在不同区域也会改变。

测地线与测地线效应

测地线又称大地线或短程线，类似地球这样的物体并非受到人们称为引力的力作用而沿弯曲轨道运动，而是它沿着弯曲空间中做最接近于直线路径运动，人们称之为测地线的轨迹运动。

光线经过一个大质量天体附近时，受其引力作用（或者说进入了该天体附近的弯曲空间），路线会发生偏转，这种效应称为测地线效应。

几何与物质

现在让我们来了解一下广义相对论中物质与几何的关系。我们知道爱因斯坦把时间加入了空间坐标系，运动的物质会因为时间的关系产生不同程度的轨道弯曲。黎曼曾试图以弯曲空间来使电磁力和引力相和谐，他之所以没有成功，是因为没有考虑到时间这个捣蛋鬼。设想我们把石块掷向地面上10米外的靶子（不考虑空气阻力），这时它只受到地球引力做抛物线运动，会产生一个明显的抛物线轨迹，如果石块以10米/秒的速度掷出，用1秒投中目标，则其会产生一个5米的最高点。如果改成用枪射击，且子弹初速度为500米/秒射向靶子，则子弹会沿一个最高点仅2毫米的弧线用0.02秒击中目标；可以想象用速度为30万千米/秒的光来射靶子，这时产生的轨道弯曲变得难以觉察，几乎成了一条直线，显然，所有这些抛物线的曲率半径各不相同。

我们已经发现，决定时空弯曲程度的是速度，也可以看出时空是怎样在时间上弯曲得比在空间上厉害得多的。一旦所涉及的速度开始增大，时间曲率就变得重要。公路上凸起了一小块，只是空间曲率的一点小小不整齐，一个徒步慢行的人很难觉察到，但对一辆以150千米/小时的速度行驶的汽车来说却很危险，因为它造成时间维度上太大变化。爱丁顿曾计算出1 000千克的质量放在一个半径为5米的圆中心所造成的空间曲率改变，仅仅影响圆周与直径比值小数点后第24位，因此，要给时空造成可观的变化，就得有巨大的质量。

地球表面的时空曲率半径如此之大（约1光年，即其自身半径的10亿倍）的事实说明地球的引力场，9.8m/s2的加速度对于一个物体是不够强的。对于地球附近的绝大多数物理实验，我们可以继续采用闵可夫斯基时空和狭义相对论，欧几里得空间和牛顿力学在低速时也足够精确。事实上我们的宇宙是被物质弄弯曲了的，可这种弯曲效应仅仅是在大质量（如黑洞）附近，或者是在很大的尺度上（数百万光年，如研究对象是由数千个星系组成的团）才变得明显。

▲ 空间曲率上一点小小的平面，都会对高速运动的物质产生极大的影响

对于黑洞这样一个可能解开宇宙奥秘的天体人们投入了极大的热情。热情会激发人的想象力，想象力可以无限推动人类文明的进步，就像古希腊数学家埃拉托色尼（约前274—前194）听到某地的阳光会直射井底想到地球可能是圆的，然后就计算出了地球半径；人们看到潮涨潮落想到月亮与地球间相互的引力，然后牛顿就发现了万有引力定律，计算出冲出地球的速度。当人们已发现了黑洞时空，那么是不是就存在与其相反的时空？既然是相反的时空，是不是就存在一个通道？

黑洞其他宇宙学知识

白洞

白洞（又称白道）是广义相对论预言的一种与黑洞（又称黑道）相反的特殊"假想"天体，是大引力球对称天体的史瓦西解的一部分。目前，白洞仅仅是理论预言的天体，到现在还没有任何证据证明白洞的存在。

科学家认为黑洞作为事物的一个发展终极，必然引致另一个终极，就是

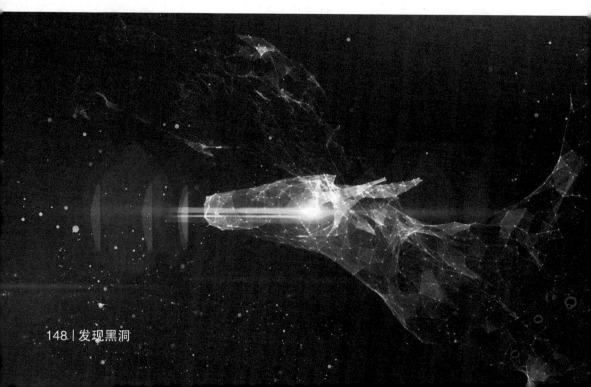

白洞。其实膨胀的大爆炸宇宙论中早就提到了原初的奇点问题，这个问题其实一直困扰着科学家们。这个奇点的最大质量与密度和黑洞的奇点是相似的，但他们的活动机制却恰恰相反。高能量超密物质的发现显示了黑洞的存在，那白洞当然也有存在的可能。如果宇宙物质按不同的路径和时间走到终极，那么也可能按不同的时间和路径从原始出发，亦即在大爆发之初的大白洞发生后仍可能出现小爆发的小白洞。而且，流入黑洞的物质命运究竟如何呢？是永远累积在无穷小的奇点中直到宇宙毁灭，还是在另一个宇宙涌出呢？

20世纪60年代以来，由于空间探测技术在天文观测中的广泛应用，人们陆续发现许多高能天体物理现象，如宇宙X射线暴、宇宙γ射线暴、超新星爆发、星系内部的活动以及类星体、脉冲星等，这些高能天

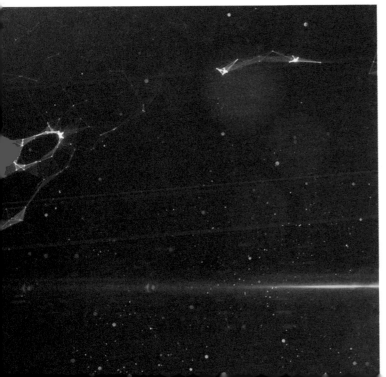

◀ 理论上认为黑洞与白洞存在着相互转化关系

体物理现象用人们已知的物理学规律已经无法解释。例如，类星体的体积与普通恒星差不多，而它的亮度却比普通星系还亮几万倍。类星体这种个头极小、亮度极大的独特性质，是人们从未见到过的天体，这就使科学家们想到类星体很可能是一种与人们已知的任何天体都完全不同的奇异天体。

为了解释类星体，科学家们提出了各种各样的理论模型，其中苏联的诺维柯夫和以色列的尼耶曼提出了白洞模型。白洞概念就这样横空出世了，如果黑洞从有到无，那白洞就应从无到有。有人认为白洞其实就是黑洞的反演，而黑洞与白洞之间有三维以上的一个通道，从黑洞里面进去，从白洞里面出来，因为这些物质从黑洞那边被吸入时有很大的速度，所以从白洞里喷发出来也应有同样的速度。

为了证明这个离奇的想法，科学家做了很多工作，可这个想法没像黑洞那样被科学界普遍认可，但又不能提供完全否定的论据，这也就使得白洞更加神奇。因为我们已经对引力场较为熟悉，从恒星、星系演化为黑洞有理论可循，但白洞靠什么来触发目前没有任何理论支持，但科学的进步离不开大胆的预言，就像当初爱因斯坦预言黑洞时空一样，对于白洞人们还在小心求证中。

🪐 白洞的性质

物理学界和天文学界将白洞定义为一种超高度致密物体，其性质与黑洞完全相反。白洞并不吸收外部物质，而是不断地向外围喷射各种星际物质与宇宙能量，是一种宇宙中的喷射源。因此，白洞可以向外部区域提供物质和能量，但不能吸收外部区域的任何物质和辐射。白洞是一个强引力源，其外部引力性质与黑洞相同，白洞和黑洞一样，有一个封闭的"视界"。不过和黑洞不一样，时空曲率在这里是负无穷大，也就是说在这里白洞对外界的斥力达到无穷大，即使是光笔直向白洞的奇点冲去，它也会在白洞的视界上完全停止，不可能进入白洞一步。

理论上，白洞也可以根据是否旋转或带有电荷而区分类型，但是理论物理学家们认为，白洞的无穷大的斥力会迫使白洞不带有任何电荷，因为电荷很容易就被赶到视界外，而旋转也被认为是不可能的。对于白洞这样一个想象的天体，有一个学界无法给出像黑洞那样科学解释的原因就是，如果白洞不吸收任何物体而仅仅是喷射物质（能量），那么无论这个白洞的质量有多大，它的物质也会很快被喷射光。但物理学家们又为白洞存在提供了几种想法，其中有的人认为白洞和黑洞通过虫洞连接，结果就有了母宇宙和婴儿宇宙之说。

关于白洞的其他理论

白洞学说的提出已有很长时间，在1970年天体物理学家杰尔明就提出它们存于类星体或剧烈活动的星系中的可能性。相对论学者和其他宇宙论学者早已明白此学说的可能性，只是这与一般正统的宇宙观不同，所以没有得到普遍的承认。

某些理论认为，由于宇宙物体的剧烈运动，或者星系喷出的高能小物体，它们遵守着开普勒轨道运动定律。这是一种高度理想化的推测，也就是说一个地方有几个白洞，在星系核心互相旋转，然后喷出物质演化成新星系，从星系团的照片中可观察到一系列的星系由物质连接而成，这显示它们是由连续剧烈喷射形成。按此说法，白洞可能是由分裂而形成的星系，进而形成星域，这又和现有的理论相悖。

有的天文学家提出宇宙之初便有不均匀物质的结块，其中便包含了白洞；宇宙向最初奇点收缩，星系、星系群都有这种趋势，这已和黑洞的奇点相似；宇宙的不同区域密度也不同，收缩时首先在高密度的地方达到了黑洞的临界密度，从此消失在视界之后。宇宙因为不断收缩就会不断出现高密度奇点，宇宙成为大量黑洞及周围物质的集合体，事实上宇宙是膨胀而非收缩的，因此它是白洞而不是黑洞。在宇宙整体的原始大奇点中存在着密度高的小质点，它们随着膨胀向四面八方扩散，大白洞大量爆发生出小白洞、星系等不均匀物质。不均匀物质之所以和黑洞拉上关系，都是因为因它和现实膨胀宇宙中的局部收缩过程相似。

▼ 有人认为因为宇宙原始的大爆炸的不均性而产生了白洞

科学家认为，目前宇宙中黑洞和白洞的存在是并行不悖的，是过程的两个端点而已。黑洞奇点是物质末期坍缩的终点，白洞物质的奇点是星系的开端，只不过并不同时发生罢了。

　　还有一种完全相反的观点，由于原始大爆炸的不均匀性，一些尚未来得及爆炸的致密核心可能遗留下来，它们被抛出以后仍具有爆炸的趋势，不过爆炸的时间推迟了，这些推迟爆发的核心——"延迟核"就是白洞。也有人认为，白洞可能是由黑洞"转化"而来。就是说，当黑洞的坍缩到了"极限"，就会经过内部某种矛盾运动质变为膨胀状态——反坍缩爆炸，这时它便由向内吸积能量转变为从中心向外辐射能量了。最富吸引力的一种观点认为，像宇宙中有正负粒子一样，宇宙中也一定存在着与黑洞（负洞）相同而性质相反的白洞（正洞）。它们对应地共生在某个宇宙膨胀面上，分属两个不同的宇宙。

虫洞

　　万维钢先生说：最高级的想象力其实是不自由的。他在文章中说：想要写一个像《指环王》，或者《哈利·波特》，或者最近的《阿凡达》，这样有很多人关心的故事来，所需要的是另外一个等级的想象力，一种不自由的想象力。也就是说当你没有足够的知识储备，就只能写一些童话，而不会写出科幻作品。《星际穿越》这样的电影之所以受欢迎，是因为有一个自洽的想象世界，更重要的是它有理论依据。比如想往来于两个时空，需要一个桥梁——虫洞，而这个虫洞还可以通过科学计算出一个解，哪怕实际并不能观测到。

　　虫洞的概念最初产生于对史瓦西解的研究中。物理学家在分析白洞解的时候通过对一个爱因斯坦思想的实验发现，宇宙时空可以不是平坦的。如果恒星形成了黑洞，那么这个不平坦时空在史瓦西半径也就是视界的地方与原来的时空垂直。在不平坦的宇宙时空中，这种结构就意味着黑洞视界内的部分会与宇宙的另一个部分相结合，然后在那里形成一个洞。这个洞可以是黑洞，也可以是白洞，在结合处形成的弯曲视界被称为史瓦西喉，它被认为是一种特定的虫洞。

自从在史瓦西解中发现了虫洞，物理学家们就对虫洞的性质产生了兴趣，他们认为虫洞连接黑洞和白洞并在其间传送物质。在这里，虫洞就成为爱因斯坦—罗森桥，物质在黑洞的奇点处被完全分解为基本粒子，然后通过这个虫洞（爱因斯坦—罗森桥）被传送到白洞并且被辐射出去。虫洞还可以在宇宙的正常时空中显现，成为一个突然出现的超时空通道。

　　事实上，我们对黑洞、白洞和虫洞的本质了解还很少，它们还是需要进一步探索的神秘东西。目前天文学家已经间接地找到了黑洞，但白洞、虫洞并未被真正发现，它们还只是一个经常出现在科幻作品中的理论名词。

▼虫洞就像一个时空隧道

关于虫洞的其他说法

虽然没有观测到虫洞，但并不影响理论物理学家给虫洞以大胆的猜测及通俗的描述，可以让我们平庸大脑拥有一个直观的概念。目前对于虫洞有以下几种描述：

它是空间的一条隧道。它就像一个球，你要是沿球面走就远，但如果你走的是球里的一条直径就近了，虫洞就是直径。

它是黑洞与白洞的联系。黑洞可以产生一个势阱，白洞则可以产生一个反势阱。我们感知的宇宙是三维的，将势阱看作第四维，那么虫洞就是连接势阱和反势阱的第五维。假如画出宇宙、势阱、反势阱和虫洞的图像，它就像一个克莱因瓶——瓶口是黑洞，瓶身和瓶颈的交界处是白洞，瓶

颈是虫洞。

它是时间隧道。根据爱因斯坦理论，你可以进行时间旅行，但你只能看，却无法改变事件的发生。

这一切听起来是不是很神奇？如果你觉得这个理论是正确且可行的，你应该知道两件事。首先，就像白洞一样，方程组有效的数学解并不表明它们在自然中存在。而且，当黑洞由普通物质坍塌形成则不会形成虫洞。如果你真进入了一个黑洞，你只能冲向奇点，那是你唯一的去处。还有，即使你真的进入虫洞，它也是不稳定的，哪怕是很小的扰动（包括你尝试穿过它的扰动）都会导致它坍塌。还有一点要切记，虫洞的存在依赖于一种奇异的性质和物质，而这种奇异的性质，就是负能量。只有负能量才可以维持虫洞的存在，才能保持

◀虫洞空间变形

虫洞与外界时空的分解面持续打开。负能量在狄拉克的一个参照系中是非常容易实现的，因为能量的表现形式与物体的速度有关。在物体以近光速接近虫洞的时候，在虫洞的周围的能量自然就成了负的，可你能达到光速吗？

克莱因瓶

　　数学领域中，克莱因瓶是指一种无定向性的平面，比如二维平面，就没有"内部"和"外部"之分。克莱因

▼ 不分内外的二维图

瓶最初的概念是由德国数学家菲利克斯·克莱因提出的。克莱因瓶和莫比乌斯带非常相像。克莱因瓶的结构非常简单，一个瓶子底部有一个洞，现在延长瓶子的颈部，并且扭曲地进入瓶子内部，然后和底部的洞相连接。和我们平时用来喝水的杯子不一样，这个物体没有"边"，它的表面不会终结。

▲ 克莱因瓶

关于时空物理问题，我不敢和我的同事们打赌，因为我怕他们是通过虫洞跑来的未来人，他们很清楚地知道标准答案。

——霍金